十三五国家重点研发计划课题(2017YFC0403505)
中央高校基本科研业务费专项(2014B34914)

井工矿开采下流域水资源变化情势

李 舒 刘姝芳 张 丹 时 爽 著

黄 河 水 利 出 版 社
·郑州·

图书在版编目(CIP)数据

井工矿开采下流域水资源变化情势/李舒等著.—郑州:黄河水利出版社,2020.6

ISBN 978-7-5509-2687-5

Ⅰ.①井… Ⅱ.①李… Ⅲ.①煤矿开采-影响-流域-水资源管理-研究-中国 Ⅳ.①TV213.4

中国版本图书馆 CIP 数据核字(2020)第 095368 号

组稿编辑:李洪良 电话:0371-66026352 E-mail:hongliang0013@163.com

出 版 社:黄河水利出版社 网址:www.yrcp.com

地址:河南省郑州市顺河路黄委会综合楼14层 邮政编码:450003

发行单位:黄河水利出版社

发行部电话:0371-66026940、66020550、66028024、66022620(传真)

E-mail:hhslcbs@126.com

承印单位:虎彩印艺股份有限公司

开本:787 mm×1 092 mm 1/16

印张:7

字数:162 千字 印数:1—1 000

版次:2020 年 6 月第 1 版 印次:2020 年 6 月第 1 次印刷

定价:48.00 元

前　言

我国蕴藏的丰富优质煤炭资源为经济发展提供了得天独厚的优越条件，经济的快速发展导致煤炭资源开采量激增。例如，窟野河流域2017年原煤产量约为2.26亿t(神木县)，而1998年原煤产量仅0.217 4亿t，20年间，煤矿产量有了大幅度的提高。煤矿开采使流域内的人民生活水平有了跨越式的改善，但也造成地下含水层破坏、采空区塌陷等一系列与水、土资源相关的不利影响。陕西省人均水资源占有量约占全国的1/2，而全国人均水资源占有量仅为世界的1/4。可见，陕西省的水问题更为突出，利用矿井水资源的工作更为迫切。

窟野河是黄河中游一条典型的河流，我国14个大型煤炭基地中的神东基地就坐落于此，基地的生产、生活及周边的生态环境修复也同样面临着水资源短缺问题，矿井水作为非常规水源为基地用水提供了重要的水源保障，具有重大的供水意义。水资源在神东基地的可持续发展中具有十分重要的作用，正确认清煤矿开采对水文循环的影响及矿井水分布情况对于发挥资源优势、建设绿色矿山的意义十分重要。

针对这种情况，国内外学者在煤矿开采对水资源的影响方面进行了一些研究，然而这些研究成果往往是针对具体的某一个单独的矿区展开的。而在量化煤矿开采对径流的影响时，其研究方法主要采用单一的数理统计法或是基于流域分布式水文模型量化水文循环对煤矿开采的响应法；在量化煤矿开采对地下水的影响时，研究对象往往是水质，针对水量方面的研究并不多，而且在水量方面为数不多的研究中，其研究对象也仅仅是单个矿井对区域地下水的影响，研究选用的工具也很单一，大多数都是使用VISUAL－MODFLOW或FEFLOW地下水模型，利用卫星监测数据研究煤矿开采对地下水影响的文献几乎没有。针对这种情况，本书在系统总结煤矿开采对水文循环影响机制的基础上，全方位系统地利用分布式水文模型、数理统计、GRACE重力卫星工具构建了一个研究多个矿区的煤矿开采对流域水资源影响的综合方法，并成功地将该方法应用于窟野河流域。

主要结论如下：

(1)流域内降雨、蒸发和径流在1966～2009年内呈下降趋势，降雨和蒸发下降趋势不明显，年径流突变点发生在1979年和1996年。

(2)利用SWAT模型联合数理统计方法计算出流域1979～1996年气候变化和人类活动对年径流的减少贡献量分别为12.6 mm、11.7 mm，占该时期减水量的51.85%、48.15%。1997～2009年气候变化和人类活动对年径流的减少贡献量分别为16.66 mm、45.36 mm，占该时期减水量的26.86%、73.14%，煤矿开采导致该时期的年径流减少21.15 mm，吨煤减水量为2.6 m^3。煤矿开采是窟野河1997～2009年径流锐减的主要原因之一。

(3)使用SWAT－VISUAL MODFLOW耦合模型计算出煤矿开采对窟野河2009年地下水水量所产生的破坏为23.20 mm，其中破坏地下水静储量15.97 mm、动储量7.23 mm。

煤矿开采还加剧了地下水的疏干，在各开采区的开采沉陷区（裂缝）周围，地下水流场发生了明显的改变，地下水降落漏斗面积也在逐渐扩大。煤矿开采所导致的地下水破坏量是人类生产、生活取用地下水水量的8倍。

（4）利用GRACE重力卫星及GLDAS全球陆面数据同化系统反演了煤矿开采区陆地水储量变化量及地下水储量变化量，2009年该区域地下水储量变化量为-29.40 mm。煤矿开采是该区域地下水变化的一个重要影响因素。

本书由李舒主笔，李舒、刘姝芳、张丹和时爽负责本书各章的修改、全书的统稿和最终的定稿工作。本书得到了河海大学陈元芳教授、李致家教授、张珂教授，以及黄河水利科学研究院王道席院长、何宏谋所长、张文鸽副所长、付新峰总工等领导和专家的大力支持和帮助，在此一并表示深深的感谢。

由于时间仓促，编者水平有限，书中不足之处在所难免，恳请广大读者批评指正。

编 者

2020年3月

目　录

第1章　绪　论

1.1　研究的目的与意义

水是生命之源，是人类生存和发展不可替代的资源，是社会经济可持续发展的基础。我国的水资源主要面临着干旱缺水、洪涝灾害和水环境恶化三大问题，我国北方大部分地区主要面临的是干旱缺水问题，为了缓解这个问题，我国从2002年开始了南水北调工程的建设，到2014年底中线工程已开通供水，大大缓解了北方地区缺水的严峻形势。近些年来，全球气候变暖、黄河流域经济发展速度加快导致用水量激增，使得黄河中游一些支流的水资源情况发生了剧烈变化。其中，人类活动改变水资源时空分布的作用日益强烈，使得黄河中游的一些支流不仅受到气候变化的影响还受到人类活动的影响。一些研究也表明，在黄河中游某些局部地区人类活动对水文循环变化的贡献率甚至超过了气候变化的影响。这些支流的水文循环模式从以往的以气候变化为主变成了以人类活动为主的水文循环模式，导致水资源的时空分布产生了深刻的变化。

黄河中游地区从内蒙古自治区河口镇到河南省郑州市桃花峪这一区域富含丰富的矿产资源，主要有煤炭、石油、天然气等，因此成为我国重要能源基地之一。由于我国经济发展的需要，这些资源被大量开采，在开采的过程中以及开采后均对该地区的水资源产生了较大的影响。尤其是该地区的煤炭资源是支撑我国煤炭产业发展的重要原料基地。世界八大煤田之一的神府－东胜煤田就坐落于该地区，煤炭总储量占全国已探明储量的1/4。其中，神府煤田位于陕西榆林，分布面积为26 565 km^2，煤矿探明储量达1 349.4亿t；东胜煤田位于内蒙古自治区伊克昭盟境内，分布面积为12 860 km^2，煤矿探明储量为2 236亿t。国务院在2014年发布的《能源发展战略行动计划（2014～2020年）》中将神东煤炭生产基地确定为14个亿吨级大型煤炭基地之一。神东煤炭生产基地在陕西省境内有8个矿井，其中的神东矿区已建设成为我国第一个亿吨煤炭生产基地。

煤炭生产基地的建立，虽然给当地居民带来了巨大的经济效益，但同时也产生了水资源短缺等一系列的环境问题。该基地地处北方缺水的干旱半干旱地区，当地水资源本身就比较匮乏，而煤矿开采则进一步加剧了当地居民生活用水量短缺的矛盾。这是因为煤矿开采后，矿区地下会形成采空区，当煤矿开采量较小时，采空区面积和高度也较小，对地表水和地下水的影响不大。随着煤矿开采工作面的推进，采空区面积和高度逐渐增大，其上层的岩层结构就会发生变化，出现塌陷、裂缝，矿区附近的基岩裂隙水也就不再排向河道，而是流入采空区，降雨也不再汇流入河道而是顺着裂缝流入采空区，在河道周围的矿区还会袭夺河道里的水，使地表基流大幅度减少；矿井涌水量也随之增大，造成含水层里的水资源量大幅度的减少，进而形成降落漏斗，最终的结果就是地下水位的不断降低。地表水和地下水经过采空区后，其水质也发生了恶化，不能直接取用作为生产、生活用水。经过采空区的水水质酸化严重，还会改变地表土壤的物理、化学性质，造成矿区水土流失，加剧土地荒漠化。

因此,在开展黄河中游的人类活动对水文循环的影响及演变规律研究,以及量化人类活动对水资源量的影响研究时,有必要将煤矿开采这一十分重要的人类活动提取出来单独进行深入研究。煤炭资源是人民生产、生活,社会经济发展的基础,煤矿开采对水资源的影响之所以不同于农业灌溉、人民生产、生活用水等其他人类活动,是因为中国的煤炭资源主要赋存于地下,煤矿开采造成的采空区不仅直接影响地表水和地下水,还会改变地表水和地下水的交互过程。深入研究煤矿开采对流域水文循环影响的机制及量化其对水资源的影响对于解决在煤矿开采区的人民生产生活用水短缺、水资源的分配和使用、水生态保护、水资源的规划管理等问题具有重要的指导意义,并成为社会经济可持续发展的重要科学依据。

本书正是基于以上原因,选取了位于神东煤炭生产基地的窟野河流域作为研究对象,具体研究煤矿开采对窟野河水文循环的影响机制及量化其对流域水资源的影响。窟野河流域蕴藏着丰富的优质煤资源,2009 年窟野河流域原煤产量约为 2.03 亿 t,而 1998 年原煤产量仅 0.12 亿 t,12 年间增加了近 17 倍。据 2007 ~2012 年黄河水利委员会审核该流域火电厂水资源论证报告所掌握的数据,吨煤涌水量 0.3 ~0.5 m^3。由 2009 年窟野河流域原煤产量(不完全统计)约为 2 亿 t 估算,该年煤矿开采造成的涌水量达 0.6 亿 ~1 亿 m^3(不包括煤矿开采破坏地下不透水层而导致的径流下渗量)。该地区的矿井涌水大多数用于煤矿的开采、洗选、绿化,大部分通过蒸发消耗掉了。在这样的情况下,窟野河流域在 1997 ~2009 年期间发生了多次断流,与此同时,地下水位的下降也产生了大量的地下漏斗,进而诱发了大面积的地表塌陷,这些灾害均给人民生命健康和财产安全带来了严重的危害。本书基于流域内水文、气象、地质情况,以及卫星遥感等相关资料,对流域水文、气象资料运用多种数理统计方法定性分析气候变化和人类活动对河道径流的影响,分析总结流域内煤矿开采对水文循环影响机制,采用分布式水文模型 SWAT 及 SWAT - VISUAL MODFLOW 耦合模型定量计算煤矿开采对窟野河河道径流及地下水的影响程度,并采用 GRACE 重力卫星联合 GLDAS 全球陆面数据同化系统反演区域陆地水储量及地下水储量的变化。该研究从地表水文学和地下水文学两者结合的角度利用数理统计方法、水文模型及卫星监测全面系统地研究了窟野河煤矿开采对流域水文循环模式影响的机制,定量评估流域尺度上煤矿开采对地表水及地下水的影响程度。通过该研究可找出窟野河流域径流锐减的主要原因,为该流域的水资源规划和管理提供决策支持,对于研究黄河中游乃至全国的煤矿开采对流域水文循环模式影响机制有一定的借鉴意义,同时也为流域水资源的合理调控和生态建设提供理论依据,这对于黄河中游水资源未来变化趋势的预测以及黄河水资源管理均具有重要意义。

1.2 国内外研究进展

1.2.1 人类活动对水资源影响研究进展

随着人民生活水平的不断提高,对水资源的需求量也在持续增大,对流域水资源的时空分布影响日益强烈。人类活动不仅改变了自然条件下流域的水文循环模式,还对水量和水质产生了深刻的影响。人类活动这一扰动因素对水文循环模式的影响逐渐加强,改变了水资源的时空分布,从而使水资源不仅受气候影响,还会受到人类活动的影响。人类活动对流域水资源影响这一概念在水文学中主要有以下三种定义:芮孝芳经过大量的研究后在水文学范畴内将人类活动定义为:人类从事生产建造工程、改变土地使用方式和影响局部气候条件下的生产、生活和经营活动。仇亚琴将人类活动对水文循环的影响划分成两种情况,分别是人类活动直接导致流域水文循环的变化和人类活动首先导致流域内局地水文循环变化进而引起整个流域的水文循环变化。刘昌明则将人类活动对流域水文效应的响应划分成了两大方面:一种是与改变土地利用类型相关的人类活动。这类人类活动多属于直接对水文循环作用的影响,例如森林的砍伐、农田的建立、畜牧、水库大坝的修建、河道直接引水用于生产生活、工矿、跨河大桥、城市化等,改变了流域局部水文循环与水量平衡过程,但随着时间的推移,这种影响会逐渐扩展到全流域。二是能够影响局部气候情况的有关人类活动。土地利用类型的改变常常会改变局部区域的下垫面组成结构从而影响局地气候,例如地表反射率的改变、大面积的水库与引水灌溉会改变一定区域内的水分与热量条件。某一些区域的人类活动对径流和地下水的影响甚至超过了气候变化的影响。针对这一现象,许多学者就人类活动对水文循环的影响方面做过很多研究,在阅读大量的文献基础上,本书采用上述学者对人类活动分类的观点将人类活动对水资源的影响划分为直接影响和间接影响两类,并将具体的人类活动进行了归类。直接影响包括井工矿开采、农业灌溉、地下水回水、水工建筑物、其他人类活动等;相对而言,农业种植、城市化、水土保持等人类活动是通过改变土地利用和植被覆盖间接改变了区域水文循环过程。本书之所以将煤矿开采归类为对水资源产生直接影响的人类活动,这是由于随着煤矿的开采,地下会逐渐形成采空区,地表会出现裂隙、塌陷等情况,这时地表水会通过这些裂隙渗入地下,与地下水交汇,而赋存于煤层之上的地下水也会流入采空区,由此改变了地表水和地下水的空间分布。

目前,国内外对于流域水文水资源影响的人类活动的研究对象主要有土地利用方式的改变、人工直接从河道取水、农业灌溉中的非点源污染、泥沙的输移以及生态措施对水文响应等方面。土地利用方式改变方面主要涉及流域植被类型的改变、城市化等条件的变化对流域水文循环模式及水资源量产生影响的研究。1998 年 Storck 等利用分布式水文 - 土壤 - 植被(DHSVM)水文模型研究发现太平洋西北部森林砍伐增加了洪水洪峰流量;2012 年邱国玉等发现 1999 年中国华北实行的退耕还林政策对该地区的径流变化影响很大,其中 1990 ~ 2000 年土地利用变化对径流影响的比重达到了 55%;2012 年詹车生等采用日降雨径流概念模型(SIMHYD),利用中国华北的白河流域研究实例,发现1991 ~ 1998 年的人类活动对流域河道径流的影响比重为 62.5%;2014 年程国栋等总结了国家自然科学基金重大研究计划“黑河流域生态 - 水文过程集成研究”(简称黑河计划)的研究进展情况,指出该计划初步揭示了流域冰川、森林、绿洲等重要生态水文过程耦合机制,量化了黑河下游的生态需水量,为黑河流域水资源优化管理提供了相当重要的约束条件。

1.2.2 煤矿开采对水资源影响研究进展

国内外煤矿开采对水资源的影响研究主要涉及三个方面:煤矿开采对区域水文循环系统影响机制研究、量化煤矿开采对径流影响以及量化煤矿开采对地下水的水量和水质的影响。根据煤层不同的埋深深度,煤矿通常采用两种方式开采,即井工矿开采和露天矿开采。中国大部分地区由于煤层埋藏较深通常采用井工矿开采方式,而美国、印度、德国等国家的煤层通常埋藏较浅,有的煤层甚至就埋藏在地表以下5~10 m的位置,因此主要是以露天开采方式为主。不同的开采方式会对水文循环模式产生不同的影响,地表水与地下水相互转换关系也会发生不同的改变,如窟野河流域的井工矿开采导致煤矿开采区附近的岩层裂隙水不再排向河道,而是流向采空区。随着煤矿开采量的增大,导水裂隙带逐步发育,河道中的基流也会沿着导水裂隙带流入采空区。潜水由以水平运移为主转化为以垂向运移为主,引起地下水位迅速下降,河川基流衰减以及由地下水供给的泉水量衰减甚至干枯。而美国宾夕法尼亚州的斯古吉尔河上游基流减少,则是因松结露天矿山的开发导致降雨不渗入采空区而直接汇入河道所致的。露天煤矿开采与井工矿开采对径流影响不同的原因是:露天矿开采首先破坏地表植被和表层土壤,并将弃石直接堆积在溪流源头附近。煤矿开采后,挖除的表土经压实处理后重新覆盖在矿区地表。这些经压实处理的地表将减小降雨入渗率,加速降雨汇入河道,增大洪峰流量,进而导致河流下游的来水过程线峰值变大。如果局部潜水接近出露地表,还会形成湿地或沼泽、湖泊。综上所述,不同的煤矿开采方式会改变流域产汇流机制,进而对河川径流和地下水产生不同的影响。

在量化煤矿开采对地表水和地下水水量方面的影响,国内研究的较多,国外研究较少。例如,王波雷等利用经济学中常用的基尼系数原理,以乌兰木伦河多年的年径流量作为研究对象分析了其变化原因,研究结果表明大规模煤矿开采,工业、农业用水量的迅速增加和城镇人口用水量的增加加速了乌兰木伦河年径流量锐减的趋势。武雄等利用煤矿开采的经验公式和FLAC^{3D}预测了河北省磁县申家庄煤矿煤炭开采导致的地表塌陷量、地表水体减少量及地下水位下降量等。Howladar研究了孟加拉国的迪纳杰布尔县的孟巴矿,由于井工矿开采,该地区在2001~2011年间地下水位至少下降了5 m,煤层埋深越深,水位下降得越厉害。煤矿开采对地下水水质影响方面在国内外有很多的报道。例如,武强等研究西山煤矿开采区的水环境问题时,发现矿井涌水所带的酸性离子和“有毒”或者“有害”的离子经地表下渗污染了地下水,造成地下水水质酸化甚至成为“毒水”;杨策等以平顶山市石龙区为例,发现煤矿开采造成该区域的水质变差,矿区地下水化学类型正由碳酸型向硫酸型过渡;王洪亮等和冯秀军分别针对神木大柳塔地区煤矿和淄博市淄川区闭坑煤矿,分析煤矿排水和矿坑水对水质的影响,研究发现煤矿尾水是地下水水质变化的主要原因。Wood. C等通过研究苏格兰流域内废弃矿井的排水水质监测资料发现在煤矿开采初期矿井排水污染最为严重,其后污染物浓度逐渐减少。煤炭资源在开发利用过程中产生的矿坑涌水是造成区域水质恶化的主要原因之一,例如岳梅等以福建永安及上京两个矿区的水化学数据为依据,应用相关分析,研究发现煤矿酸性矿排水(AMD)在适宜条件下,不管是高硫煤还是低硫煤均会产生酸性水,进而造成矿区水资源的酸化;党志研究了英国威尔士南部露天采煤区的煤矸石-水相互作用机制,建立了该作用过程中微量重金属硫化物矿物的溶解模式;郑西来等把已受矿物污染的地下水与岩石之间的相互作用表示为一系列地球化学反应,预测了污染物在地下水中的扩散运移规律。

1.2.3　人类活动对水资源影响量化方法研究进展

定量研究人类活动对水资源量影响的技术手段经历了简单的统计还原计算、降雨径流关系建立统计回归模型以及基于分布式水文模型量化等三个主要发展阶段,归纳起来主要有以下几种方法。

(1)基于统计还原法量化人类活动对水资源量的影响。利用从河道或地下水取用水量还原径流量,比较还原径流量和实测径流量,进而分析人类活动对水资源变化的影响。如许炯心将人类取用水作为流域水文循环中的一个侧支循环系统,对侧支循环与主干循环在黄河流域对水资源的变化进行了研究,并通过黄河流域内的观测数据建立了流域的多元回归方程,研究黄河流域人类活动取用水对主干水文循环的影响。穆兴民等利用统计还原法选取了黄土高塬沟壑区典型小流域计算了水土保持措施对流域径流减水效益。

(2)基于流域内降雨径流的关系建立线性回归模型,量化人类活动对流域水资源量的影响。通过建立人类活动干扰较弱时期的降雨径流线性回归模型,对人类活动影响较大时期进行外推,再与实际观测径流值进行比较分析,计算人类活动对流域水资源量的影响。例如,冉大川研究了大理河流域1970~2002年的具体情况,建立了大理河流域基准期的降雨产流产沙经验模型,计算出了水土保持措施对产流产沙的效益;孙宁等利用双累积曲线法研究了潮河密云水库上游流域1961~2005年人类活动对径流的影响,根据双累积曲线不同的斜率将该时期的年降雨径流关系划分为三个阶段,并对不同时段分别分析了人类活动对径流的影响情况;孙天青等建立秃尾河流域降雨径流的线性回归模型,定量地计算出降雨和人类活动对径流变化的影响,研究发现水土保持措施在2000年后是径流减少的主要原因。

(3)基于分布式水文模型量化人类活动对水资源的影响量。人类活动对流域水资源的影响具有时空分布变化特征,如果只利用简单的统计还原模型和线性回归模型是无法准确反映这种变化过程的。近年来,随着遥感技术和地理信息技术的发展,利用大尺度流域分布式水文模型量化研究大多数人类活动对径流及地下水的影响成为一种方便快捷的研究方法。基于分布式水文模型构建不同影响时期的气候条件和下垫面条件进行流域水文循环模拟,并将模型模拟值与流域观测值进行比较,进而从气候变化和人类活动两种影响作用下分离出人类活动对水资源的影响。该方法不仅能够定量计算人类活动对径流的变化影响,还能通过与地下水模型耦合定量计算人类活动对地下水变化的影响,尤其对于分析不同土地利用变化情景下对水资源量影响方面更加突出。尽管水文模型在应用中存在数据、模型结构、模型参数不确定性,数据要求严格,以及模拟准确性与计算耗时之间的矛盾等问题,但是水文模型在定量计算人类活动对水资源影响方面仍然是一个很好的工具。

王浩等应用分布式水文模型(WEPL)初步分析了人类活动影响下的黄河水资源演化规律,发现流域地表水资源量减少,而不重复地下水水量有所增加;仇亚琴等以三川河流域为例,应用分布式水文模型(WEPL)和集总式流域水资源调配模型耦合模型,定量计算了降水、人工取用水以及下垫面条件这三个主要因素对流域水资源量的影响,发现在这三个因素共同作用下流域地表水资源量减少而不重复地下水水量大幅增加;周祖昊等基于水资源二元演化模型研究了渭河流域的水资源演变规律,发现地表水资源量在降雨和人类活动影响下有小幅减少;马欢等利用 GBHM 模型研究了气候变化和人类活动对海河流域典型山区水文循环的影响;姚文艺等运用 YRWBM 模型模拟出在气候变化和人类活动影响条件下窟野河 1980 ~2006 年之间径流的变化。

在诸多的水文模型中,SWAT(soil and water assessment tool)模型是基于水量平衡原理进行水文循环模拟的,它不仅可以模拟水量还可以模拟泥沙、水质等,并将参与水文循环的各要素的时空分布模拟出来的一种基于流域尺度的具有物理基础的分布式水文模型。其中,SWAT 模型在土地利用和气候变化对流域径流影响方面有很多的研究结论,例如 Ghaffari 等在研究 Zanjanrood 流域时发现,土地利用类型的改变会引起非线性的水文响应并存在阈值效应,假如该流域 60% 以上牧场面积变化为农田或其他土地利用类型将使径流量显著上升;Ficklin 等研究了加利福尼亚州以农业为主的圣华基恩流域 CO_2浓度、气温、降雨不同情景下的水文响应,发现产流对气候变化的响应非常敏感,CO_2浓度升至 970×10^{-6}和温度升高 6.4 ℃将会使蒸发表现出明显的差异,50 年模拟的平均蒸发量较现状减少 37.5%,径流量增加了 23.5%。农业措施的变化会影响流域的水资源量和水质;Franczyk 等认为高度城市化会减少径流深,美国波特兰罗克溪流域在年均气温升高 1.2 ℃、年均降雨量增加 2% 的气候条件下和更高密集化城市发展影响下,年均径流深会增加 5.2%,但是在相同的气候条件下和更低密集化城市发展的影响下,年均径流深会增加 5.5%。

SWAT 模型在我国的应用研究已覆盖所有水资源一级区,多集中在长江、黄河等流域,涉及不同气象条件和地形环境及人类活动下的应用研究,如干旱半干旱区、半干旱半湿润区、西北寒区、丘陵地区、水库、灌区、人类活动影响较大区域等。其中,在干旱半干旱区分离气候变化和人类活动对河川径流的影响方面应用尤为广泛。李青云等计算了内蒙古济河流域的气候变化和人类活动对径流的影响,发现 SWAT 模型可以很好地模拟径流和产沙;董文等计算出 1981 ~2008 年人类活动占泾河径流减少的贡献率是 85.7%;何洪明等发现陕西黑河 2000 年的水资源量相较于 1986 年减少了 10.6%。

从以上国内外研究进展情况可以看出,流域分布式水文循环模型 SWAT 能够适用于量化人类活动对黄河中游的窟野河径流的影响。因此,本书选取基于物理基础的 SWAT 水文模型定量计算窟野河流域气候变化和人类活动对径流的影响,并进一步分离煤矿开采对径流的影响。

在利用水文模型计算人类活动对径流的影响时首先要划分不同的时间段,将模拟的基准期的水文参数代入计算期的水文模型中,进而计算出人类活动对径流量的影响。这就涉及时间序列分析方法,其中应用比较广泛的方法有 1975 年 Kendall 提出的 Mann - Kendall 趋势分析检验方法,1977 年 Lee 和 Heghinian 提出的基于贝叶斯理论的方法,1979 年 Pettit 变异水文序列概率分布形式未知和异常点问题提出的 Pettitt 变异点检测方法等。目前,国内外已有许多学者应用上述方法来分析降水、径流、气温和水质等要素时间序列的趋势变化及突变点。例如,2016 年王让会等对近 50 年来中国湖北省的降雨径流时空特性进行调查分析,采用上述方法分析了年、月降雨的演变趋势,并利用皮尔森相关系数法对 ETCCDI 组织提出的 27 个极端气候指数进行了分析;张强等用 Mann - Kendall

趋势分析检验方法和 Pettitt 变异点检测方法对珠江流域的年洪峰流量进行了检测，得出洪峰流量的变化与径流突变点的变化具有一致性；2016 年 Dariusz Graczyk 等采用 Mann - Kendall 趋势分析检测方法分析了波兰 60 个气象站 1991 ~ 2013 年的极端高温情况；2015 年贺天等采用 Mann - Kendall 趋势分析检验方法和 Pettitt 变异点检测方法对中国河南颍河流域的 COD 和 NH_3 - N 浓度进行了研究，并将其与水市场机制相结合，得出污染物浓度与经济效益的关系。该方法在黄河流域也有着广泛的运用，例如 2014 年赵光军等采用 Mann - Kendall 趋势分析检验方法和 Pettitt 变异点检测方法分析 1950 ~ 2010 年黄河中游重要支流的降雨、气温、潜在蒸散发量的趋势演变；2013 年和 2015 年周媛媛等也同样利用上述方法分析了 1956 ~ 2009 年气候变化和人类活动对黄河中游的重要支流皇甫川和无定河年径流的影响，研究发现皇甫川 1979 年后人类活动对径流的影响大于气候变化，无定河年径流突变点分别出现在 1971 年和 1997 年左右；2015 年梁伟等同样采用该方法，以及基于 Budyko 假设的弹性法和分解法计算了皇甫川流域 1961 ~ 2007 年气候变化和人类活动对径流的影响，研究结果表明 1981 ~ 2007 年其对径流改变的贡献量分别占 35% 和 65% ,1999 年前后退耕还林是导致径流变化的主要驱动因素。Charles Rouge 等还将 Mann - Kendall 趋势分析检验方法与 Pettitt 变异点检测方法相结合，提出了一种能够检测出水文系列中平稳变异点与突变点的方法，并检测了美国 1 217 个水文气象站 1910 ~ 2009 年年平均降雨和温度的渐变点和突变点，研究发现该方法比单纯使用 Pettitt 变异点检测方法检测出的时间序列突变点的成功率高。

从以上国内外研究进展情况可以看出，Mann - Kendall 趋势分析检验方法和 Pettitt 变异点检测方法也可以应用于黄河中游的窟野河流域。因此，本书选取 Mann - Kendall 趋势分析检验窟野河流域 1966 ~ 2009 年降雨、蒸发和径流的变化趋势，定性判断该流域径流锐减的主要驱动因素，并在此基础上选取 Charles Rouge 等将 Mann - Kendall 趋势分析检测与 Pettitt 变异点检测相结合的方法检测窟野河流域的年径流突变点，作为量化该流域气候变化和人类活动（煤矿开采）对径流影响的研究基础。

井工矿开采的煤炭赋存于地下，煤矿开采过后产生的采空区不仅会对地表水产生影响，还会对地下水产生影响。因此，评估煤矿开采对流域水资源的影响，不仅要评估其对河川径流的影响，还要评估其对地下水的影响。上文已介绍了现阶段煤矿开采对径流及地下水影响研究的现状，现就研究方法总结如下：地下水动态的随机模拟预测方法主要有地下水动力学法、数值法等。例如 Surinaidu 等利用 MODFLOW（The modular finite - difference groundwater flow model）模型研究印度安德拉省的哥达瓦里河流域煤矿，在模拟不同的煤矿开采阶段地下水在矿井中的运移过程中发现，不同煤矿开采阶段的矿井涌水量是不相同的；孙文杰等构建 MODFLOW 模型研究开滦煤矿对地下水的影响，随着部分煤矿的逐步关闭，矿井排水减少，地下水位显著升高。国内外学者根据不同的研究对象和问题在 MODFLOW 地下水模型的基础上进行了一系列的应用，但是这些应用的对象多为单一的矿井，研究区域面积较小，流域数据相对而言是比较好获取的，得出的模拟结果较好。而对于中、大尺度流域多煤矿开采的区域仅仅使用单一的地下水模型是无法满足研究需要的，主要存在数据获取难度大，特别是地表水和地下水交互过程中的地下水补给量和潜水蒸发量也不准确等问题。因此，本书引入了 SWAT - VISUAL MODFLOW（S - VM）

耦合模型,尽管该模型在国内外评估干旱半干旱地区的农业灌溉对水资源的影响上有广泛的应用,但在煤矿开采方面的应用很少。

利用水文模型模拟出煤矿开采下地下水位及流场的变化情况后,还需要进一步研究煤矿开采影响下流域地下水储量的变化情况。但由于流域地下水的观测数据比较难以获取,那么就需要借助其他方法,而 GRACE 重力卫星则刚好为观测地下水储量变化量提供了一种新的手段。

2002 年 3 月 GRACE 重力卫星成功升空,在这样的背景下,2004 年 Tapley 和 Wahr 对 GRACE 重力卫星数据进行研究后认为地球重力场变化所能检测到的地球质量迁移中的主导因素是陆地水储量变化。在水文领域应用 GRACE 重力卫星主要涉及极地冰盖物质平衡、高山冰川物质平衡、全球海平面变化和陆地水储量。在陆地水储量应用中,按尺度划分为全球尺度、区域尺度与流域尺度三种。在这三种尺度中,计算地下水储量的变化时首先将重力卫星中的 C_{20} 项置换为卫星激光测距(SLR)观测到的 C_{20} 项;其次,将高斯平滑后的 GRACE 重力卫星数据转化为等效水高;再次,根据水量平衡原理,利用 GLDAS、CPC、NCEP/NCAR 和 WGHM 模型模拟陆面总水量变化;最后,将转化后的等效水高减去陆面总水量变化就可以得到地下水储量的变化值。其中,GLDAS 将土壤含水量、积雪量及叶冠层含水量之和作为模拟的陆面总水量。CPC 将积雪量与所有土壤层的含水量之和作为模拟的陆面总水量。WGHM 将地表水、积雪量、土壤含水量及叶冠层含水量之和作为模拟的陆面总水量。Jin 认为 GLDAS 和 WGHM 模型在计算陆面总水量方面要优于其他模型;金双根等利用 GRACE 数据、GLDAS 和 WGHM 水文模型计算了 2002~2012 年全球地下水储量的变化,认为 GLDAS 水文模型计算出的地下水储量变化更接近于实际观测值;Scott Moore 等以 Yemen 区域为例,认为基于重力卫星的地下水储量的评估和管理是对区域水资源管理的一种有效的补充手段;王秋歌等计算了 2003~2010 年堪萨斯西部 10 万 km^2 区域的地下水储量变化,并与 2003~2010 年测井的 2 200 个水位值进行比较,发现地下水位季节的变化峰值出现在冬季和春季,最小值则出现在夏季和秋季,并且认为在区域或流域范围内 150 km 或 200 km 高斯平滑半径的结果更好;Huang J 等改进了高斯过滤方法,在北美五大湖区域比较了 GLDAS、CLM、MOS、VIC 和 NOAH 水文模型模拟地表水储量变化的情况,发现它们都有类似的变化周期但是振幅差距较大。2002~2009 年五大湖地下水储量等效水高的变化范围在 27~91 mm,并呈下降趋势,减少量从 2.3 km^3/年增加到 9.3 km^3/年;Alexander 等在爱德华兹高原和佩科斯山谷约 115 000 km^2 的区域内运用 ETPV GAM 地下水模型模拟了地下水储量的情况,并用 GRACE 数据校正了模型输出的结果,同时提出利用人工神经网络去预测地下水位变化的情况。

国内在 GRACE 重力卫星研究应用方面起步较晚。周旭华等利用 SOURE 台站重力变化的陆地水储量变化计算结果与 GRACE 重力场系数截断为 15 阶得到的结果比较,发现两者比较接近,且年周期变化特征明显。在长江流域应用 GRACE 反演的水厚度变化与水文资料结果基本上符合;苏晓莉等在华北地区对 CPC 水文模型数据、GLDAS 数据和 GRACE 数据利用 13 点滑动平均方法与线性拟合方法得到该区域陆地水量相对长期变化趋势的结果一致,地下水以 -0.5 cm/年的速率减少;刘任莉等和刘卫等利用 GRACE 数据反演了西南陆地水储量变化结果较好;王杰等将云南省 122 个气象台站的月资料进行线性趋势分析,并与GRACE数据反演得到的月水储量的变化过程进行比较发现两者具有一致性。现阶段,由于GRACE数据精度的问题只能研究较大流域的陆地水储量变化。罗志才等、曹艳萍等利用GRACE时变重力场反演了黑河流域水储量的变化情况,并且和张掖地区的地下水测井数据进行了比对,两者趋势一致;任永强等通过170眼监测井的数据验证了海河流域GRACE数据反演等效水高的可靠性;冉全等在海河流域地下水年开采量中进行了应用,建立了地下水开采量与GRACE和GLDAS反演出的地下水储量变化、降水量的二元回归模型,取得了较好的模拟结果;王超等利用GRACE数据与全球陆面数据同化系统(GLDAS)分析了我国珠江、长江、淮河、黄河、海河和松辽河六大江河流域水资源总量的变化趋势。

1.2.4 国内外研究的不足

综上所述,目前在量化人类活动对径流影响方面、煤矿开采对流域水文循环影响机制方面以及单个煤矿对地下水水量、水质影响方面取得了较大进展,但仍有许多问题需要进一步深入、完善,特别是系统全面地定量评估流域内多个煤矿开采对径流及地下水的影响量是亟待解决的一个重要问题。在这个问题下,又衍生出来许多需要研究的课题:

(1)国内外缺乏在流域尺度下将煤矿开采这一驱动因素从气候变化和各种其他人类活动因素对径流的影响中分离出来的系统、全面的方法,如何定量地计算煤矿开采对径流的影响对流域水资源的可持续管理和开发具有非常重要的参考价值。

(2)目前,国内外针对单个煤矿开采区对地下水水质影响的研究成果较多,但是对流域尺度下多个煤矿共同影响径流和地下水的研究比较少。

(3)水文水资源学科和水文地质学科在研究煤矿开采对水资源的影响方面是割裂开来的,但为了系统全面地刻画煤矿开采对流域水资源的影响就必须将地表水文循环和地下水文循环通过一些方法有机地联合起来后再进行深入的研究,即如何将地表水模型和地下水模型耦合后实现定量计算煤矿开采对地下水的影响量。

(4)GRACE重力卫星监测数据在中、大尺度流域下应用很多,但在煤矿开采区的应用几乎没有。如果能够利用GRACE重力卫星监测数据反演煤矿开采区地下水储量的变化量对今后利用卫星手段监测水资源变化情况是非常有意义的。

1.3 研究内容和技术路线

1.3.1 研究内容

本书旨在调查分析流域水文气象变化和煤矿开采等因素的基础上,分析流域降水、蒸发和径流的变化特性;通过建立SWAT分布式水文模型,计算气候变化和人类活动(煤矿开采)对流域径流影响;建立SWAT与VISUAL-MODFLOW耦合的分布式模型,计算煤矿开采对流域地下水的影响;利用GRACE重力卫星监测数据反演煤矿开采区的地下水储量变化并和耦合模型计算出的煤矿开采对流域地下水的影响结果互相比较。全面系统地定量评估煤矿开采对黄土高原典型支流窟野河水资源的影响量,建立一套量化流域尺度下多个煤矿开采对水资源影响的科学方法,为黄土高原中小流域煤矿开采区的水资源规划管理等提供科学依据。

本书以窟野河为研究对象,利用多种研究手段、全面系统地定量分析煤矿开采对窟野河径流及地下水的影响。针对上述国内外研究存在的四个不足的问题进行了深入的研究和探讨,本书研究内容共分为五个层次:①窟野河流域水文特征分析;②窟野河年径流突变点的诊断;③基于分布式水文模型SWAT定量计算煤矿开采对窟野河径流的影响程度;④利用耦合模型定量计算煤矿开采对流域地下水的影响程度;⑤利用GRACE重力卫星监测数据来研究气候变化和人类活动(煤矿开采)双重驱动力作用下的窟野河流域地下水变化情况。

具体研究内容如下:

(1)煤矿开采对窟野河水文循环影响机制分析。在查阅文献资料的基础上,分析煤矿开采对窟野河水文循环的产汇流方式、地下水文循环系统以及地表水和地下水交互的影响。

(2)窟野河流域降水、蒸发及径流变化特征分析。在分析窟野河降水、蒸发及径流长期变化趋势的基础上,利用联合Mann - Kendall和Pettitt变异点检测方法检测年径流的突变点,根据径流突变点检测结果及人类活动对径流影响机制不同的特点将气候变化和人类活动干扰时期划分为"天然时期"、"间接人类活动影响为主时期"及"直接人类活动影响为主时期",定性分析气候变化和人类活动对径流的影响。

(3)量化煤矿开采对窟野河径流的影响程度。收集流域水文气象资料,以分布式水文模型SWAT为工具,首先模拟"天然时期"窟野河的水文循环过程;随后采用另外两个时期的土地利用、气象等数据,模拟量化煤矿开采对径流的影响程度。

(4)量化煤矿开采对窟野河地下水的影响程度。收集流域水文地质资料,以耦合模型(SWAT - VISUAL MODFLOW)为工具,依据"三带"理论建立流域有、无煤矿开采两种情景,模拟量化煤矿开采对地下水的影响程度。

(5)基于卫星监测数据反演研究区地下水储量变化。收集GRACE重力卫星及GLDAS全球陆面数据同化系统数据,反演研究区地下水储量的变化量,并与耦合模型模拟出的结果进行比较分析。

1.3.2 技术路线

本书采用理论分析与水文模型、卫星监测数据相结合的方法,以流经神东矿区的窟野河流域为研究对象量化煤矿开采对流域水资源的影响。首先分析煤矿开采对窟野河流域水文循环影响机制;其次采用数理统计方法定性分析各因素对窟野河径流的影响,探讨窟野河径流锐减的主要原因;接着采用分布式水文模型和地表水与地下水耦合模型模拟窟野河流域径流及地下水的变化过程,计算煤矿开采对径流和地下水的影响程度;最后通过卫星监测数据反演研究区地下水储量的变化。

(1)收集窟野河流域的水文、气象、社会经济、地质土壤等资料,建立SWAT模型和VISUAL MODFLOW需要的DEM、土地利用、土壤类型、导水率、给水度等数据库。通过GRACE重力卫星以及GLDAS官网收集陆地水储量变化、地表水储量等数据。

(2)以窟野河 1966 ~ 2009 年水文站和气象站的长序列水文气象观测资料为对象，首先采用 Mann - Kendall 趋势分析检验法和联合 Mann - Kendall 与 Pettitt 变异点检验法对流域水文气象序列的变化趋势、突变点进行分析和检验，定性判断影响流域径流量变化的主要原因。

(3)首先利用已建立的 DEM、土壤类型和土地利用数据库，以及水文和气象测站系列数据，建立“天然时期”的窟野河 SWAT 水文模型，利用水文站径流观测值对模型进行率定和验证。通过改变气象和土地利用数据，采用模型和数理统计方法模拟量化人类活动干扰时期气候变化和人类活动对窟野河径流的影响。接着，建立“间接人类活动影响为主时期”的窟野河 SWAT 水文模型，利用该时期的水文站径流观测值对模型进行率定和验证，通过改变气象和土地利用数据，采用模型和数理统计方法量化“直接人类活动影响为主时期”煤矿开采对窟野河径流的影响。

(4)首先利用已建立的导水率、给水度等水文地质数据，以及地下水位观测系列数据，同时将水文地质学科上开采沉陷学提出的基于“三带”理论的经验公式计算出的地下水水头作为 VISUAL MODFLOW 地下水模型的边界条件，建立煤矿开采情景下的 VISUAL MODFLOW 地下水模型，再进一步将 SWAT 模型模拟出的地表水与地下水之间的交换量输入到 VISUAL MODFLOW 中，模拟得到煤矿开采下的窟野河流域地下水流场。然后去除煤矿开采边界条件，重新设置水文地质参数模拟无煤矿开采情景下的窟野河流域地下水流场。通过这两种情景计算得到煤矿开采对地下水影响的结果。

(5)将 GRACE 重力卫星监测出的神府 - 东胜煤田区域的陆地水总储量的变化量与全球陆面数据同化系统 Global Land Data Assimilation System (GLDAS)模拟出的地表水储量的变化量相减，计算出该区域地下水的变化量，其次将该变化量与 VISUAL MODFLOW 模拟结果做比较分析，判断 GRACE 重力卫星监测数据在煤矿开采区的适用性。

技术路线图见图 1-1。

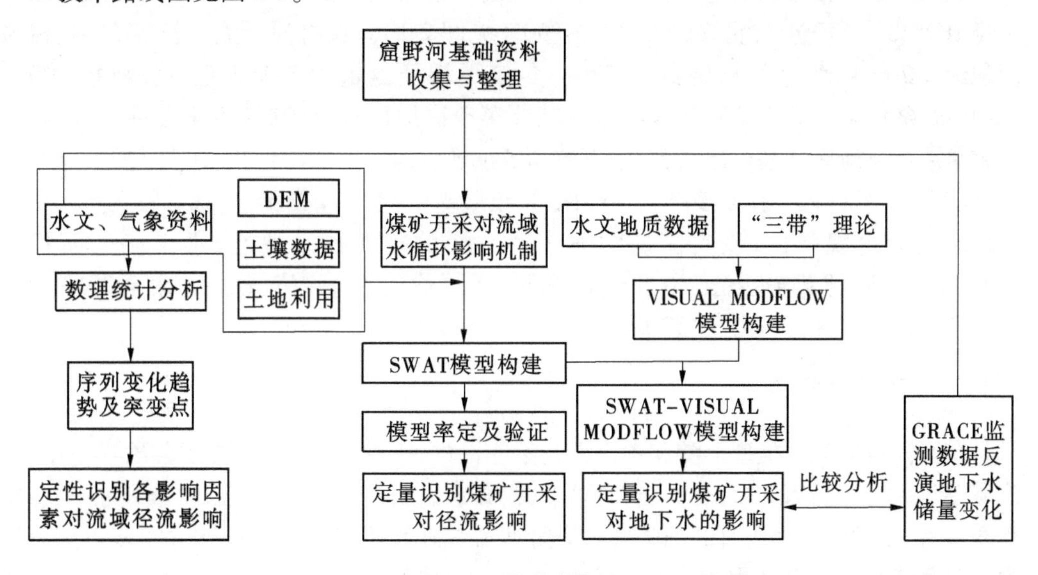

图 1-1　技术路线图

第 2 章　流域水文特征分析及煤矿开采对水文循环的影响机制

窟野河流域地处黄河中游干旱、半干旱地区,位于黄土高原与毛乌素沙地的过渡地带,大陆性季风气候,春季干旱少雨,夏季多有短历时、强降雨,秋季霜冻早,冬季严寒少雪。窟野河流域又是暴雨频发区,多暴雨洪水。在这样的气候条件下窟野河流域径流在逐年减少,特别是进入 20 世纪 90 年代后,还曾出现过断流。究竟气候变化和人类活动对径流锐减的贡献量是多少,这是一个亟待回答的问题。因此,本书选取窟野河流域内 18 个雨量站、3 个水文站和 1 个气象站资料分析流域降雨、蒸发变化特征,以及支流断面新庙、王道衡塔水文站和入黄控制断面温家川水文站 1966 ~ 2009 年径流量分析窟野河径流锐减的原因,数据来自于黄河水利委员会出版的《黄河流域水文年鉴》以及中国气象科学数据共享服务网。

2.1　窟野河流域概况

2.1.1　窟野河流域位置与范围

窟野河是河口—龙门区间的一条典型支流,是黄河中游重要的泥沙来源支流之一。它始于内蒙古东胜市巴定沟,东南流经康巴什、大柳塔、王道恒塔后,与牸牛川汇合,再经神木、沙峁,最终在温家川进入黄河。沿途流经 2 省(区)5 县(旗、市),地理位置分布于东经 109°28′ ~ 110°45′,北纬 38°22′ ~ 39°50′(见图 2-1)。窟野河干流全长 242 km,流域面积约 8 706 km^2,平均比降约 2.58‰,多年平均径流量为 5.995 亿 m^3,海拔 800 ~ 1 300 m。窟野河流域位于毛乌素沙地与陕北黄土高原的接壤地带,土壤侵蚀比较强烈。上游是风沙草滩区和基岩出露区,中下游为黄土丘陵沟壑区,区内沟壑纵横,地形破碎,沟壑密度 5 ~ 9 km/km^2,谷深多在 100 m 以上,土质疏松,地表植被稀少,水系较发达。由于特殊的地形地貌条件,该支流是黄河中游重要的粗泥沙来源地,水土流失面积为 8 305 km^2,多年平均输沙量为 0.9 亿 t,是水土保持治理的重点流域之一,截至 2010 年底流域水土流失治理面积为 3 157 km^2,治理程度为 38%。

2.1.2　水文气象概况

窟野河流域气候类型上游和中下游是不相同的,上游属干旱区,中下游属半干旱区。流域多年平均气温 7.9 ℃,受大陆性季风气候影响强烈,春季干旱少雨、秋季霜冻早、冬季严寒少雪、夏季多为短历时的强降雨。窟野河流域在夏季暴雨发生的次数很多再加上区内沟壑发育较好,大洪水发生的概率较大,实测最大洪峰流量达 14 000 m/s(1976 年 8 月 2 日),河道行洪时水面陡涨陡落,历时短、含沙量大、沙粒粗。实测最大含沙量 1 700 kg/m^3

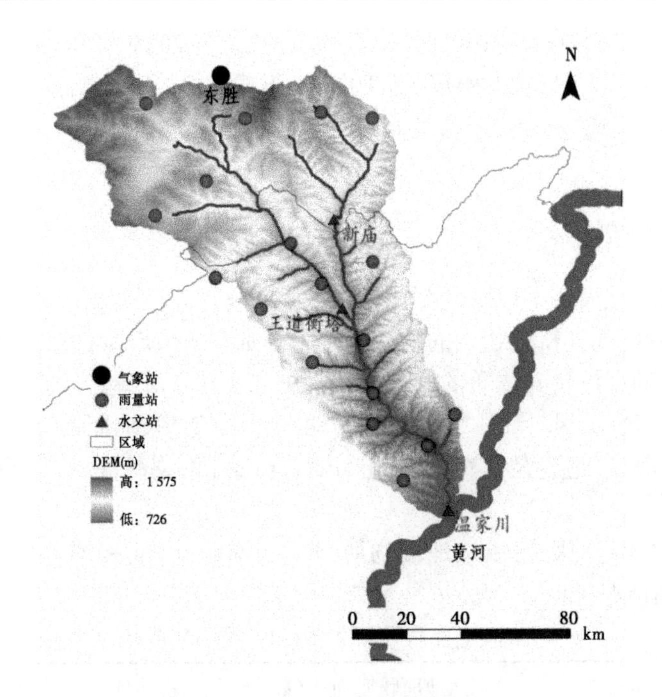

图2-1　窟野河水文站与气象站分布

(1958年7月10日)，神木—温家川段的多年平均输沙模数为2.77万t/km²。产沙一般集中于6~9月，汛期产沙量占年产沙量的98%以上。所以，窟野河既是黄河北干流洪水的主要来源之一，也是黄河泥沙特别是粗泥沙的最主要来源之一。

从1950~2003年的数据统计来看，流域多年平均降水量415 mm，降水时空分布极不均匀。从时间上看，汛期(6~9月)降水量占年降水量的比例达到75%~81%；降水量最大值出现在7月、8月，这两个月的降水量达到年降水量的50%~60%，并且多以短历时、强降雨的形式出现，最小降雨量出现在1月和12月，这两个月的降水量只占年降水量的0.6%~1.9%。从空间上来说，研究区内降水量东多西少、南多北少。

从1950~2003年的统计数据来看，窟野河流域多年平均径流量5.995亿m³，7~10月的径流量占年径流量的57%~74%。径流主要来自大气降水的补给，从空间分布来看，径流深与降水的分布趋势基本一致，都是东多西少、南多北少，从时间分布来看，径流的年际变化幅度大于年降水的年际变化幅度。

2.1.3　地质与地貌特征

黄河中游的河口—龙门区间位于中国地势第二阶梯的中部(黄土高原中部)，地势西高东低，各支流下游及干流河谷海拔一般在600~1 000 m。支流主要有西边的乌兰木伦河和东边的牸牛川，两条支流汇合后流入窟野河。窟野河流域的地貌主要有黄土塬、黄土梁、黄土峁、小盆地、沟涧地和沟壑。地形主要有：上游的风沙草滩区和基岩出露区，中下游的黄土丘陵沟壑区，山地地形，千沟万壑，支离破碎。基岩出露区有中山、低山和基岩丘陵，地表物质主要以基岩、砒砂岩为主；砒砂岩遇水即软，强度很低；基岩出露区下渗较少，故地面径流发育。风沙草滩区土质松散，风蚀强烈，流沙南移；沙丘草滩与内陆湖泊相间，形成明显的风沙草滩地貌景观；滩地处于沙丘、沙梁之间，地势平坦，地下水位浅，植被相对较好，耕地较多。黄土丘陵沟壑区，黄土广布，土质疏松；由于水流的强烈侵蚀，地面起伏不平，沟壑纵横，沟壑密度一般在 4 km/km^{2}左右，植被覆盖度很低，流域总体植被条件较差。

2.1.4　下垫面概况

窟野河流域下垫面在不同区域存在很大差异，上游为基岩裸露和风沙草原区，中下游为黄土丘陵沟壑区，地表覆盖物质的物理特性的差别对流域产流会产生很大的影响。

下垫面物质的组成及其物质的物理特性就决定了其产流特性。窟野河流域地面物质组成主要是基岩、黄土、风沙土。基岩出露的地区，其下渗率、地面透水性及其蓄水能力较低，有利于产流、集流，地表径流充沛，黄土、风沙土的孔隙率较高，下渗率较大，地下径流丰富。

表 2-1 ~ 表 2-3 为窟野河流域地面物质组成情况统计、地表覆盖物质的物理特性和 2000 年土地利用情况统计。

表 2-1　2005 年窟野河流域地面物质组成情况统计

河名	流域面积（km^2）	不同地面物质面积（km^2）			不同地面物质面积占流域面积（%）		
		黄土	风沙土	基岩	黄土	风沙土	基岩
窟野河	8 706	2 768.7	559.1	5 378.2	31.8	6.4	61.8

表 2-2　窟野河流域地表覆盖物质的物理特性

地表物质层	地质年代	天然容重（g/cm^3）	密实程度	下渗速度（mm/min）	空隙度（%）
马兰黄土	Q_3		较松		
		1.3 ~ 1.45			50 ~ 55
风沙土	Q_4		松散	3 ~ 3.5	
		1.4 ~ 1.5			>120
砒砂岩（泥岩）	T，N		紧密		

表 2-3　2000 年窟野河流域土地利用情况统计

类型	林地	草地	水域	居民用地	荒地	耕地
面积（%）	4.30	65.00	3.05	0.85	7.13	19.67

从下游到上游随着降水量的减少和干燥度的增加，流域内植被逐渐从森林草原地带向典型草原地带过渡，具有一定的过渡性特征。上游地区是典型的草原分布区，以沙蓬、臭柏、沙柳等为主的植物群落区为代表。中下游为森林草原分布区，是以白沙蒿、柠条、黄蒿等为主的植物群落区。流域内还分布着大面积以各类沙生植被为主的隐域植被。总体

上来说,20 世纪 80 年代流域内地表植被稀少,林地覆盖面积很低,但是经过 30 多年的植树造林,以及退耕还林措施的实施,流域内的植被覆盖面积已大大增加。

2.1.5　社会经济情况

中华人民共和国成立初期,由于窟野河流域地处内蒙古以南、陕西以北的中国中西部贫困地区,不少县被列入贫困县名单。该区域的工业、农业基础相当薄弱,社会经济比较落后。在农业方面,由于水资源匮乏,农作物长势很差,基本上靠天吃饭。农作物主要以高粱、玉米、谷子等粗粮为主,小麦、稻谷作物严重不足,蔬菜种类也很少。人们生活处于贫困或基本温饱状态,生活水平较低。

20 世纪 80 年代中期,国家在实施黄土高原水土保持项目时,对神木县农村经济状况进行了深入的调查研究。在沟壑区和黄土高塬沟壑区由于地形复杂、农耕条件不同的影响下,人口分布极不均匀,总体趋势是南多北少、东多西少,平原地区最多,塬区和丘陵次之,山区和风沙区最少,全县经济水平很低。到 2015 年底,神木县总人口 45 万人,人口密度 59 人/km^2。2015 年全县地区生产总值 817.41 亿元,比上一年增长 6.7%;全社会固定资产投资 248.37 亿元,增长 10.2 %;财政总收入 160.57 亿元,其中地方财政一般预算收入 58.52 亿元;城镇常住居民人均可支配收入 28 450 元,农村常住居民人均可支配收入 12 046 元,分别增长 6.4%、8.2%;城镇化水平达到 70%;县域经济综合竞争力由全国百强县第 44 位前移至第 21 位,始终保持全省县域经济领头羊地位。"十二五"期间全县工业经济稳中有进,转型升级成效明显。全县规模以上工业总产值由"十一五"末的 672 亿元增加到 1 159 亿元,年均增长 11.9%,位居全国工业百强县第 7 位。煤炭资源整合基本完成,地方矿井总数减少近 50%,产能提高 6.5 倍,平均单井产能提高 13 倍。

截至 2004 年,神木县拥有天然草场 300 多万亩,人工种草 160 万亩,饲草产量有较大幅度增长,畜牧业发展加快,已成为全县主导产业之一。地质勘探部门的调查显示,流域内富含优质的煤炭资源。煤炭总储量占全国已探明储量的 1/4。其中,神府煤田位于陕西榆林,分布面积为 26 565 km^2,煤矿储量达 1 349.4 亿 t,东胜煤田位于内蒙古自治区伊克昭盟境内,面积 12 860 km^2,探明储量 2 236 亿 t。其中,神木境内煤炭探明储量 500 亿 t,煤质优良,属于特低灰磷硫以及中高发热量的优质动力煤、气化煤和化工用煤。此外,区内还蕴藏了丰富的石油、天然气、石英砂、岩盐等数十种极为丰富的矿产资源,为电力、化工、建材等工业的发展提供了优秀的原料条件。流域内已开发的矿区面积为 2 482 km^2,主要分布于转龙湾至神木的窟野河段及流域西北部的乌兰木伦河两侧。这些矿区的煤炭,具有埋藏浅、易开采、煤质优等特点。目前,神东煤炭生产基地已被确定为 14 个亿吨级大型煤炭基地之一,而神东矿区业已建设成为我国第一个亿吨煤炭生产基地。这些对提高当地人民生活水平有着很积极的作用,但是与此同时也给流域内的生态环境带来了严峻的挑战,全县已形成采空沉陷面积 324 km^2,采煤沉陷损毁旱耕地 26 460 亩(1 亩 = 1/15 hm^2,余同)、水浇地6 247亩、林草地 126 179 亩,使得受影响居民达到 3 万人之多。

2.1.6 窟野河煤矿分布及煤层聚集规律

窟野河流域水系及煤矿分布见图 2-2。

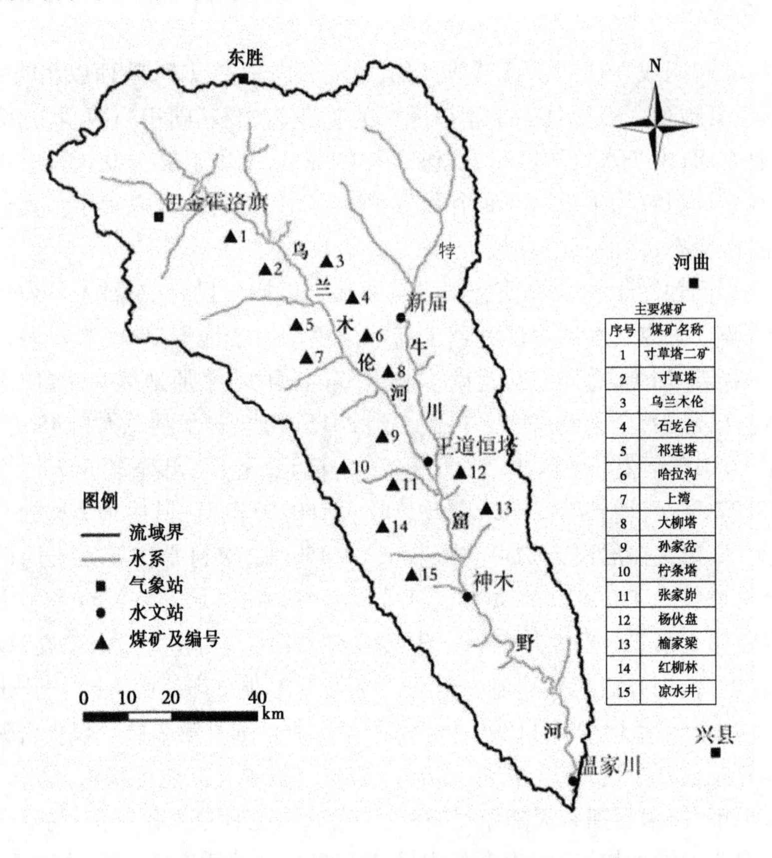

图 2-2 窟野河流域水系及煤矿分布图

窟野河流域的侏罗纪煤田系形成于鄂尔多斯侏罗纪聚煤盆地，延安组是重要的含煤地层，可采或局部可采煤层涉及 5 个煤组，一般为中厚煤层，在全流域均有分布，埋深均小于 200 m。该组自下而上分为 5 个含煤段，主要可采煤层有 5 层，为 1^{-2}、2^{-2}、3^{-1}、4^{-2} 及 5^{-2} 煤，一般累计可采厚度为 15 ~ 20 m，主要可采煤层位于延安组上部。根据沉积旋迴、岩煤组合特征及物性特征，将其划分为五段。

(1) 延安组第一段(J_2^{y1})：延安组底部至 5^{-2} 煤层顶面，厚度为 50 ~ 104 m，平均厚度 61 m。本段为中侏罗世早期第一次湖侵旋迴的产物，其岩性为长石砂岩、泥质粉砂岩或粉质泥岩与深灰色泥岩及根土岩夹煤层组成。主采煤层 5^{-3} 煤层位于该段中上部。

(2) 延安组第二段(J_2^{y2})：5^{-2} 煤层顶板至 4^{-1} 煤层顶面，厚度为 55 ~ 92 m，平均 73 m。本段以细粒组分为主，其岩性主要为灰色、绿灰色泥岩、粉砂质泥岩、粉砂岩。主采煤层 4^{-2} 位于该段中部。

(3) 延安组第三段(J_2^{y3})：4^{-1} 煤层顶板至 3^{-1} 煤层顶面，厚度为 21 ~ 48 m，平均厚度 26 m。本段为延安组最大的三角洲沉积体。其岩性以黄褐、浅灰绿色细—中粗粒长石砂岩、含钙长石砂岩及长石杂砂岩为主。主要可采煤层 3^{-1} 位于该段顶部。

(4)延安组第四段($J_2{}^{y4}$):3^{-1} 煤层顶板至 2^{-2} 煤层顶面,厚度为22~78 m,平均42 m。本段为一大型朵叶状湖泊三角洲沉积。其岩性上、下各段差异不是很大,底部以泥岩为主,下部为粉砂岩、杂砂岩,中上部为泥岩。2^{-2} 煤层位于该段地层的顶部,其东部边缘自燃形成燃烧破碎带,这是目前窟野河流域的主要开采煤层。

(5)延安组第五段($J_2{}^{y5}$):2^{-2} 煤层顶板至煤系地层顶界,厚度为20.25~81.79 m,平均厚度42 m。本段总体由具三元结构特征的三角洲相组成。上、中部为灰、灰白色粉砂岩与泥岩,下部为中粒长石砂岩,大部分地区由于后期剥蚀而缺失。

2.2 窟野河流域水文特征分析方法

2.2.1 Mann-Kendall 检验方法

Mann-Kendall 检验方法已经广泛地应用于检验水文气象资料的趋势成分,包括降雨、径流和水质序列等。该方法是由国际气象组织(WMO)推荐的应用于环境数据时间序列趋势分析的方法,也是检验水文时间序列单调趋势的有效工具,具体方法表述如下:

在 Mann-Kendall 检验中,原假设 H_0 为时间序列数据 $(x_1, x_2, \cdots, x_n)$ 是 n 个独立的、随机变量同分布的样本;备择假设 H_1 是双边检验,对于所有的 $k, j \leqslant n$ 且 $k \neq j$, x_k 和 x_j 的分布是不相同的,检验的统计变量 S 计算如下式:

$$S = \sum_{k=1}^{n-1} \sum_{j=k+1}^{n} \operatorname{sgn}(x_j - x_k) \quad (1 \leqslant k \leqslant j \leqslant n) \tag{2-1}$$

其中:

$$\operatorname{sgn}(x_j - x_k) = \begin{cases} 1 & x_j > x_k \\ 0 & x_j = x_k \\ -1 & x_j < x_k \end{cases} \tag{2-2}$$

式(2-1)中,S 为正态分布,其均值为0,方差 $\operatorname{Var}(s) = n(n-1)(2n+5)/18$。

在 Mann-Kendall 检验中,对于时间序列数据 $(x_1, x_2, \cdots, x_n)$,当 $n > 10$ 时,标准的正态统计变量通过下式计算:

$$Z = \begin{cases} \dfrac{S-1}{[\operatorname{Var}(S)]^{1/2}} & S > 0 \\ \dfrac{S+1}{[\operatorname{Var}(S)]^{1/2}} & S < 0 \end{cases} \tag{2-3}$$

由此,在趋势检验中,对于给定的显著性水平 α,如果 $|Z| \leqslant Z_{\alpha/2}$,则接受原假设。如果 $|Z| \geqslant Z_{\alpha/2}$,则拒绝原假设,即在 α 置信水平上,时间序列数据存在显著的上升或下降趋势。对于统计变量 Z,大于0时,是上升趋势;小于0时,则是下降趋势。Z 的绝对值在大于等于1.65、1.96和2.58时,分别表示通过了置信度90%、95%和99%的显著性检验。这里 $\Phi(Z_{(\alpha/2)}) = \alpha/2$,$\Phi(\cdot)$ 为标准正态分布函数。通常取显著性水平 α 为0.1和0.01,当 $\alpha \leqslant 0.01$ 时,说明检验具有高度显著性水平;当 $0.01 < \alpha \leqslant 0.1$ 时,说明检验是

一般显著的。

2.2.2　联合 Mann – Kendall 和 Pettitt 变异点检验方法

Pettitt 变异点检测方法具体表述如下：

假设一长度 n 的时间序列 $X_n(n = 1,2,\cdots,n)$，定义统计变量

$$k(\tau) = \sum_{i=1}^{\tau}\sum_{j=\tau+1}^{n}\operatorname{sgn}(x_j - x_i) \tag{2-4}$$

其中，$\tau(1 \leqslant \tau \leqslant n)$ 是任一时间节点，令

$$K = \max_{1 \leqslant \tau \leqslant n}(|k(\tau)|) \tag{2-5}$$

$$T = \arg\max_{1 \leqslant \tau \leqslant n}(|k(\tau)|) \tag{2-6}$$

计算 $p \approx 2\exp\left(\frac{-6K^2}{n^3 + n^2}\right)$，若 $p < 0.5$，则认为点 T 为统计上显著的变点。

Charles Rouge 等将 Pettitt 变异点检测方法与 Mann – Kendall 趋势分析检验方法相结合后，提出了一种能够检测出水文序列中平稳变化点与突变点的方法并通过了 Monte – Carlo 方法检测。该方法选取了一个阈值可保证检测结果仅与时间序列的变化振幅和噪声相关，并利用该方法检测了美国 1 217 个水文气象站 1910 ~ 2009 年年平均降雨和温度的渐变点和突变点，结果显示，该方法比单独使用 Pettitt 变异点检测方法检测出的突变点更加准确。本书即采用此种方法来检测窟野河径流变化的突变点，检测流程见图 2-3。具体推导过程如下：

$\forall \tau, 1 \leqslant \tau \leqslant n$，定义 $n \times n$ 阶的矩阵 A：

$$a_{ij} = \begin{cases} \operatorname{sgn}(x_j - x_i) & j > 1 \\ 0 & j \leqslant 1 \end{cases} \tag{2-7}$$

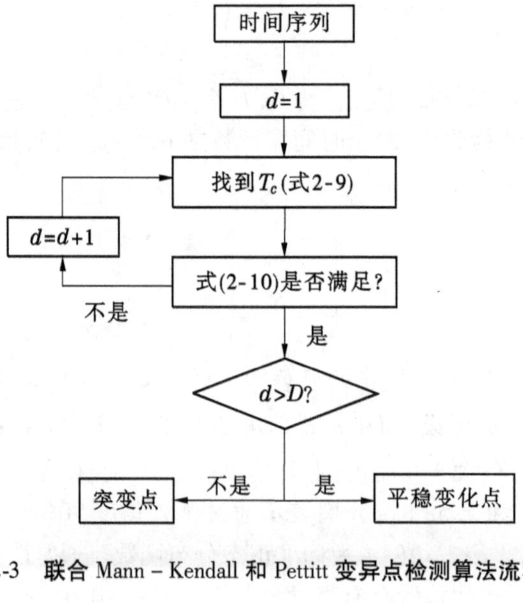

图 2-3　联合 Mann – Kendall 和 Pettitt 变异点检测算法流程

将式(2-4)改写为

$$k(\tau,d) = \sum_{i=1}^{\tau+d}\sum_{j=\tau+1}^{n} a_{ij} \tag{2-8}$$

将式(2-6)改写为

$$T_c = \arg\max\{|k(\tau,d)|\} \tag{2-9}$$

最后定义 d_c 为当 $|S| \leqslant |k(T_c,d)|$ 时的最小值,表达式为

$$d_c = \arg\min_{d}\{d|k(T_c,d)| > |S|\} \tag{2-10}$$

定义 D 为阈值,无物理含义,该值的取值范围由 D/n 确定。D/n 一般取值范围为 0.1～0.5。

2.3 窟野河流域水文特征趋势变化分析

2.3.1 降雨、蒸发变化趋势分析

窟野河流域位于黄河中游干旱半干旱地区,受大陆季风气候影响。从1966～2009年的年数据统计资料看,流域多年平均年降水量为417.6 mm,降水时空分布极不均匀。在时间上,年内分配不均(见表2-4),6～9月降水量占年降水量的71%～88%。最大月降水量出现在7月、8月,降水量之和占年降水量的50%～60%,并且多为暴雨,最小降水量出现在1月和12月,分别只占年降水量的0.5%和0.4%。这与2.1.2节中月降水量分布有一些差异,说明2003年后流域的降雨出现了新的变化,从表2-4和2.1.2节的数据对比后可以看出,流域多年平均降雨量稍微有些增加,6～9月的降水量更加集中,时间上分布更加不均匀。

表2-5列出了窟野河流域3个控制水文站和1个气象站降水量的年代特征值。从表中可以看出,20世纪60年代到21世纪初期,新庙站、王道衡塔站、温家川站、东胜站降水呈现由降到升的趋势,但总体上呈减少趋势。其中,新庙站在20世纪90年代,降水量显著减少;王道衡塔站与温家川站在20世纪80年代降水量显著减少;东胜站在21世纪初期降水量显著减少。从空间分布上看,东胜站(北)、新庙站(东)、王道衡塔站(西)、温家川站(南)的多年平均降雨量分别为385.62 mm、410.3 mm、421.18 mm和428.56 mm。流域内降水量趋势呈东少西多、南多北少,这与2.1.2节中流域内降水量的变化趋势不同,说明从2003年开始,流域内的降雨分布出现了新的变化。

接着采用Mann－Kendall趋势分析检验方法对上述控制站年平均降水量趋势进行分析。分析结果(见表2-6)表明4个控制站Kendall统计量 $|U|$ 值均小于置信水平为0.05的临界值,年降水量趋势变化不显著。除了新庙站外,其他3个站的降水量都呈减少的趋势,南部的温家川站和北部的东胜站降水变化率较大,西部乌兰木伦河上的王道衡塔站的降水变化率较小,而东部特牛川上的新庙站的降水量则呈现上升的趋势,这说明了流域年降水量的变化趋势在空间分布上是不均匀的。

表 2-4　窟野河流域多年月平均降水量统计

月份	1	2	3	4	5	6	7	8	9	10	11	12	1~12
	非汛期						汛期				非汛期		
降水量(mm)	2.1	3.8	7.5	10.4	28.8	48	118.2	117.3	54.3	20.5	5	1.7	417.6
占全年(%)	0.5	0.9	1.8	2.5	6.9	11.5	28.3	28.1	13	4.9	1.2	0.4	100
降水量(mm)	100.6						310.3				6.7		417.6
占全年(%)	24.1						74.3				1.6		100

表 2-5　气象站及水文站降水特征值统计

（单位:mm）

站名	项目							
东胜	时段	1957~1959 年	1960~1969 年	1970~1979 年	1980~1989 年	1990~1999 年	2000~2009 年	平均
	降水量	406.23	403.58	409.75	356.39	395.77	341.99	385.62
	距平(%)	5.35	4.66	6.26	-7.58	2.63	-11.31	
新庙	时段		1967~1969 年	1970~1979 年	1980~1989 年	1990~1999 年	2000~2009 年	平均
	降水量		472.7	400.82	383.96	373.43	420.61	410.3
	距平(%)		15.21	-2.31	-6.42	-8.99	2.51	
王道衡塔	时段		1966~1969 年	1970~1979 年	1980~1989 年	1990~1999 年	2000~2009 年	平均
	降水量		475.75	419.57	387.1	406.56	416.91	421.18
	距平(%)		12.96	-0.38	-8.09	-3.47	-1.01	
温家川	时段	1954~1959 年	1960~1969 年	1970~1979 年	1980~1989 年	1990~1999 年	2000~2009 年	平均
	降水量	502.35	432.07	434.36	380.81	388.57	433.17	428.56
	距平(%)	17.22	0.82	1.35	-11.14	-9.33	1.08	

表 2-6　气象站及水文站降水相关检验结果

站名	Mann - Kendall 统计量 | U |	临界值	降水变化率(mm/年)	趋势性
东胜	1.21	1.96	-1.19	不显著
新庙	0.2	1.96	0.25	不显著
王道衡塔	0.07	1.96	-0.1	不显著
温家川	1.05	1.96	-1.18	不显著

窟野河地处干旱半干旱地区,从 1957 ~ 2009 年东胜气象站的数据统计资料看,流域多年平均蒸发量为 2 222.8 mm,时间分布极不均匀(见表 2-7)。汛期蒸发量占年蒸发量的 41.34%,非汛期蒸发量占年蒸发量的 58.66%。最大月蒸发量出现在 5 月、6 月、7 月,蒸发量之和占年蒸发量的 46.67%,最小月蒸发量出现在 1 月和 12 月,分别占年蒸发量的 1.69% 和 1.89%。

从表 2-8 可以看出,20 世纪 80 年代前后两个时期,蒸发量都呈现升—降的趋势,总体上呈现 M 型的变化趋势。其中,20 世纪 50 年代和 21 世纪初期蒸发量减少得较多,20 世纪 70 年代的蒸发量较大。

采用 Mann - Kendall 趋势分析检验方法对东胜站年蒸发量进行趋势分析。从表 2-9 可看出年蒸发量呈不显著减少的趋势。比较表 2-6 和表 2-9,窟野河流域蒸发量的变化比降水量的变化大。

根据以上分析可以看出,窟野河流域 1966 ~ 2009 年的降水量、蒸发量都呈减少的趋势,并且都不显著,蒸发的变化量大于降水的变化量。降水时空分布不均匀,在时间上,20 世纪 80 年代降水量最少,年内分布不均匀;空间上,东少西多,南多北少。蒸发量年内分布也不均匀,蒸发量出现的最大月份与最小月份基本与降水量出现的时间相同,从某种角度上看这也在一定程度上降低了特大洪水出现的概率。

2003 年后虽然降水的分布发生了根本性的变化,但是降水及蒸发的变化趋势都不显著,定性地说明了流域径流锐减的主要驱动因子不仅仅是气候变化,还涉及人类活动。

2.3.2　径流量变化趋势和突变点分析

窟野河流域北部属干旱区,南部属半干旱区,受高强度蒸发影响,流域水资源紧缺,供需矛盾突出。窟野河径流主要来源于降水补给,水资源同样具有时空分布不均匀特点。表 2-10、表 2-11 的统计数据显示,窟野河流域 1960 ~ 2009 年多年平均年径流量为 5.19 亿 m^3,多年平均径流深为 19 ~ 84 mm,相较 2.1.2 节流域概况里介绍的多年平均径流量有了大幅度的减少。径流量的时间分布不均匀,在时间上,年内分配不均,汛期径流量占年径流量的 22% ~ 80%。最大月径流出现在 3 月、8 月,径流量之和占年径流量的 40.5%,最小月径流量出现在 1 月、5 月和 12 月,分别只占年径流量的 2.17%、2.86% 和 2.90%。这与 2.1.2 节中月径流量年内分布有一些差异,说明 2003 年后流域的径流出现了新的变化,从表 2-10 和 2.1.2 节的数据对比后可以看出,流域多年平均径流量减少得非常多,径流量年内分布比较分散,时间上分布依然是不均匀的。

表 2-7　东胜站多年月平均蒸发量统计

月份	1	2	3	4	5	6	7	8	9	10	11	12	1 ~ 12
	非汛期						汛期				非汛期		
蒸发量(mm)	37.6	58.2	128.4	243.8	354.3	363.3	319.8	257	199.6	142.5	76.3	42	2 222.8
占全年(%)	1.69	2.62	5.78	10.97	15.94	16.34	14.39	11.56	8.98	6.41	3.43	1.89	100
蒸发量(mm)	1 185.6						918.9				118.3		2 222.8
占全年(%)	53.34						41.34				5.32		100

表 2-8　东胜站蒸发特征值统计

时段	1957 ~ 1959 年	1960 ~ 1969 年	1970 ~ 1979 年	1980 ~ 1989 年	1990 ~ 1999 年	2000 ~ 2009 年	平均
蒸发量(mm)	2 161.63	2 264.3	2 293.08	2 200.64	2 250.3	2 166.82	2 222.8
距平(%)	-2.75	1.87	3.16	-1	1.24	-2.52	

表 2-9　东胜站蒸发相关检验结果

Mann - Kendall 统计量 $\|U\|$	临界值	变化率(mm/年)	趋势性
1.4	1.96	-2.22	不显著

表2-10　窟野河多年月平均径流量统计

月份	1	2	3	4	5	6	7	8	9	10	11	12	1~12
	非汛期						汛期				非汛期		
径流量(亿 m^3)	0.11	0.19	0.69	0.30	0.15	0.16	0.89	1.41	0.50	0.37	0.28	0.15	5.19
占全年(%)	2.17	3.62	13.33	5.74	2.86	3.08	17.06	27.17	9.63	7.17	5.35	2.90	
径流量(亿 m^3)	1.60						3.17				0.43		5.19
占全年(%)	30.77						60.98				8.25		100

表2-11　水文站实测径流量变化

站名	项目					
新庙	时段	1967~1969年	1970~1979年	1980~1989年	1990~1999年	2000~2009年	平均
	径流量(亿 m^3)	1.41	1.41	0.95	0.69	0.27	0.95
	距平(%)	48.77	48.77	0.65	-27.03	-71.24	
王道衡塔	时段	1961~1969年	1970~1979年	1980~1989年	1990~1999年	2000~2009年	平均
	径流量(亿 m^3)	2.57	2.42	1.84	1.31	0.67	1.76
	距平(%)	46.1	37.2	4.34	-25.88	-61.76	
温家川	时段	1960~1969年	1970~1979年	1980~1989年	1990~1999年	2000~2009年	平均
	径流量(亿 m^3)	7.35	7.23	5.21	4.48	1.69	5.19
	距平(%)	41.62	39.31	0.39	-13.68	-67.44	

表2-11列出了窟野河流域3个控制水文站径流的年代特征值。其中,温家川站是窟野河流域入黄控制站,从该站的统计资料可以看出,流域20世纪六七十年代偏丰;20世纪八九十年代来水明显减少,均属偏枯水序列;21世纪前10年,来水减少更为突出,属枯水序列。20世纪末到21世纪初流域的3个水文控制站的多年平均径流量都呈现大幅度下降的趋势(见表2-11、图2-4),其下降趋势非常明显(见表2-12)。从空间分布上看,新庙站(东)、王道衡塔站(西)、温家川站(南)的多年平均径流量分别为0.95亿m^3、1.76亿m^3和5.19亿m^3。流域内径流量趋势呈东少西多、南多北少,这与前文中流域内径流空间分布的变化趋势一致,空间分布极不均匀。通过对表2-6、表2-9和表2-12进行简单的比较可以看出,径流量的锐减幅度远远大于降雨和蒸发的变化幅度。

由图2-4还可以看出,新庙站20世纪70年代的径流量变化振幅非常大,尤其是1977~1982年,其径流最大值出现在1979年,达到了3亿m^3,最小径流量出现在2009年,约为0.04亿m^3,到了2000年以后渐渐变得平缓;王道衡塔站的最大径流量出现在1961年,最小径流量出现在2000年,其振幅到了2003年后变得平缓;温家川站的最大径流量出现在1967年,最小径流量出现在2009年,其振幅到了1999年后变得平缓。这说明自然条件下,径流的年际分布很不均匀,其振动幅度很大,但在人类活动的干扰下径流量虽然减少了但不会出现陡升陡降的径流变化特征。定性说明了人类活动对径流锐减的贡献量所占比重越来越大。

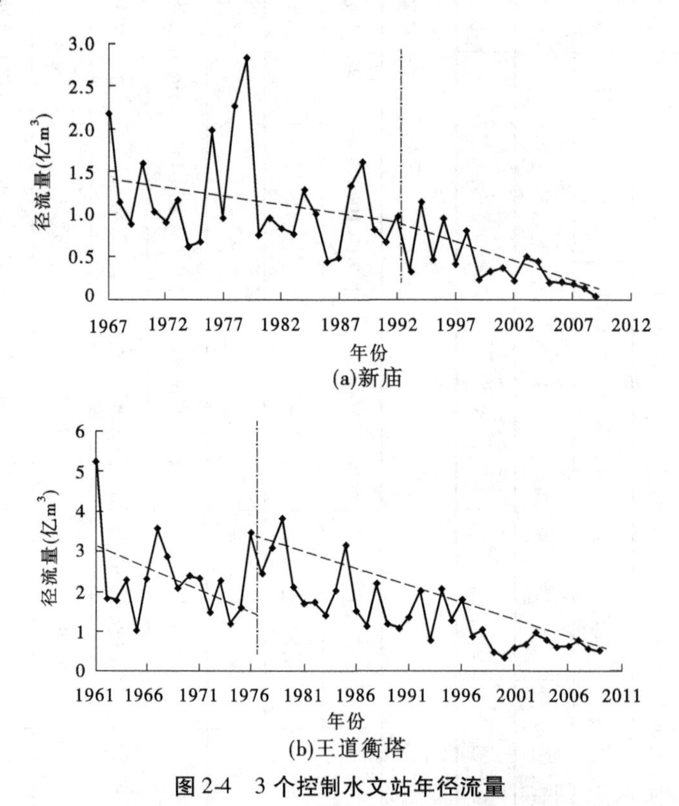

图2-4　3个控制水文站年径流量

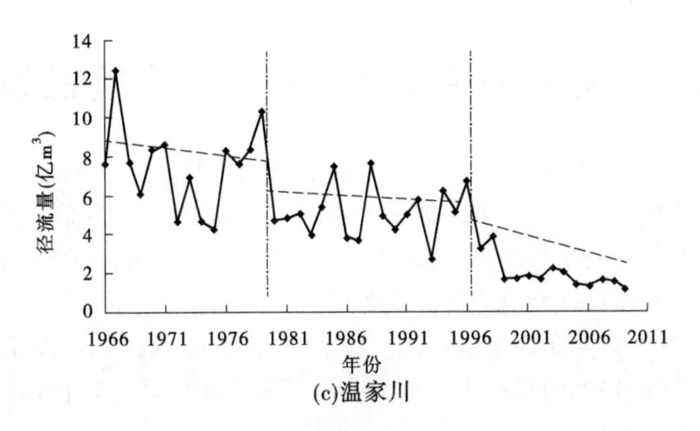

(c)温家川

续图 2-4

表 2-12　水文站径流相关检验结果

站名	Mann - Kendall 统计量 |U|	临界值	变化率(亿 m³/年)	趋势性
新庙	5.23	1.96	-0.026	显著
王道衡塔	5.61	1.96	-0.043	显著
温家川	5.35	1.96	-0.117	显著

通过以上比较分析,发现 1979 ~ 2009 年窟野河径流量锐减非常明显,这应该与 20 世纪 80 年代大规模实施的水土保持,以及 21 世纪初煤矿的大规模开采等人类活动有关。为了定量地计算煤矿开采对径流的影响,首先利用 2.2 节介绍的联合 Mann - Kendall 与 Pettitt 变异点检测方法检测了窟野河流域 3 个水文站径流的突变点。本次检测选取 $D/n = 0.4$ 来区分 3 个水文站年径流的平稳变化点与突变点。该值越大,检测出突变点的成功率越高,但是检测出平稳变化点的失败率也随之提高。本书的侧重点是检测径流的突变点,因此选用了此值。检测结果见表 2-13。新庙站径流突变点出现在 1992 年,这是牸牛川流域在该年前后进行了大规模的水保措施所造成的。而王道衡塔站的径流突变点为 1976 年,本书认为这也是水保措施引起的。温家川站为窟野河入黄口的控制站,并且 1979 年后流域开始实施大规模的水土保持措施,1997 年左右煤矿大规模开采及水保措施的实施,这些人类活动开始的时间点也能证明检测出的突变点是具有合理性的,故本书选定 1979 年和 1996 年作为窟野河流域径流突变点。

表 2-13　窟野河主要水文站年径流量突变点检测结果

站名	D	d	突变点出现时间
新庙	17.2	17	1992 年
王道衡塔	19.6	18	1976 年
温家川	17.6	13、17	1979 年、1996 年

2.4　煤矿开采对水文循环的影响机制

自然条件下,煤炭与水资源共存于一个地质体中,其状态是稳定的,而煤矿开采则会对这种稳定状态产生扰动。地质表现形式为:煤矿开采后地下形成采空区,采空区上覆岩层在一定地质条件下会发生塌陷,形成塌陷盆地,同时地表会出现许多的地裂缝。水文循环表现形式为地表水通过地裂缝或导水裂隙带流入采空区,地下水则会通过这些采空区形成降落漏斗,改变了自然条件下的补、径、排循环方式,使水流加速向采空区流动,周边的地下水位迅速下降,局部由承压水转变为非承压水。如果采空区上部有含水层,就会导致该含水层的迅速疏干。

2.4.1　煤矿开采对径流影响机制

窟野河流域从1997年大规模的煤矿开采后,径流量就逐年减少,甚至出现了断流的情况。尽管造成这种情况的原因有很多,如生产生活用水量的增加、全球气候变暖、水土保持措施面积的增大等,但煤矿开采也是一个不可忽视的且非常重要的原因。在窟野河流域基本上都是以井工矿的方式进行开采,形成了大量的采空区,由于缺乏行之有效的工程手段,这些采空区历经短时、强降雨的天气时往往都会塌陷,形成盆地或“天坑”。降雨一部分会在盆地中进行“填洼”最终通过蒸散发过程消散在大气中或是顺着导水裂隙带进入采空区,而落入“天坑”中的降雨则会直接顺着导水裂隙带进入采空区。这部分雨量不直接进入河道,造成河道水量的减少。自然条件下窟野河流域的产流方式是既有蓄满产流又有超渗产流,但是在煤矿开采区就变成了以超渗产流为主的产流方式,局部水文循环方式的改变,导致坡面汇流量的改变,从而改变河道汇流量。除了产流方式的改变,汇流方式在煤矿开采区也发生了变化。大部分降雨不直接汇入河道,而是通过导水裂隙带进入采空区,采空区蓄水达到一定程度后,水流才会横向流入河道,这也导致了河道水量的减少。煤矿开采还会影响径流的基流,窟野河流域煤层埋深浅,基岩薄,煤矿开采后,矿坑附近的基岩裂隙水通过采空区上方的导水裂隙带流入采空区,减少了河道基流来源。潜水位的下降还会影响地下水通过泉水的方式排入河流。如果采空区造成的导水裂隙带联通了河道或是水库,还会使得河道和水库里的水直接沿着导水裂隙带排入采空区。

总之,窟野河流域煤矿开采产生的地裂缝、塌陷盆地、“天坑”等是造成径流水文循环模式和径流量变化的根本原因,导水裂隙带的发育高度是可以在一定程度上反映这些因素对径流量的影响的。

2.4.2　煤矿开采对地下水的影响机制

窟野河流域的煤层埋深较浅,其开采后对地下水的影响主要涉及五个方面:①煤层上覆岩层的破坏;②第四系松散岩类含水层的破坏;③降低煤矿开采区周围的地下水位;④改变煤矿开采区周围的地下水流场;⑤改变窟野河径流和地下水相互转化的关系。

2.4.2.1　煤层上覆岩层的破坏

煤矿开采期间,煤层上覆岩层的应力平衡遭到破坏,导致岩层由下到上依次形成冒落带、裂隙带和整体移动带，这也就是煤矿开采中的“三带”，见图 2-5。其中，冒落带是指自采矿放顶至老顶第一次垮落后采空区顶部岩层垮落破坏的范围。其岩石破坏特征是越靠近底板岩块越碎，且不规则，越往上岩石破坏虽十分严重，但较下部规则。此带岩块间空隙多且大，透水性和连通性均好，故一般不允许冒落带上部达到水体或含水层的底部，以免水和泥沙溃入巷道。裂隙带则位于冒落带之上。该带自上而下裂隙发育程度逐渐变低，但该带是导水的。而整体移动带的特征为无弹塑性弯曲，整体剪切移动，裂隙不发育，一般不透水，但在地表塌陷的边缘，常产生较大张裂隙，但深度有限，一般为 3 ~ 8 m。

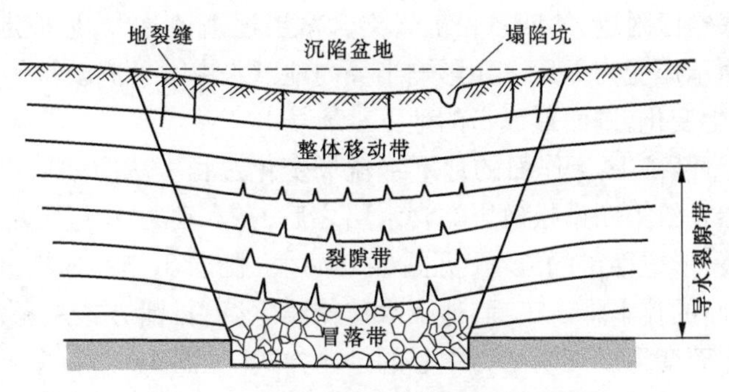

图 2-5　采空区覆岩及开采沉陷示意图

煤炭开采量较小时，采空区不大，矿井涌水量较小，其水源主要来自于煤层本身，含水层渗漏不严重。随着煤炭开采量的增大，采空区随着增大，导水裂隙带高度不断增加，造成煤层上部的含水层与采空区产生了水力联系，煤层上部含水层遭到破坏以致疏干，降落漏斗的高度和面积不断增大，含水层的补、排条件发生改变，最终导致采空区积水越来越多。当采空区达到一定高度或是遭遇短历时、强降雨的天气时，其上部的岩层裂缝会不断向周围扩展，直至地表塌陷。该过程不仅加速了地下水降落漏斗的形成还会使得地表水经地裂缝下渗到采空区中。

2.4.2.2　含水层破坏

窟野河煤矿开采区上部主要是第四系松散岩类孔隙水含水层，该含水层具有颗粒粗、厚度薄的特点，由于采矿安全的需要，当开采区大量向外排水时，会首先疏干该含水层，形成较大的降落漏斗。如果该含水层底部没有隔水层或隔水层很薄，那么在煤矿开采过程中就会出现导水裂隙带，使得含水层中的水资源渗漏到采空区，不仅导致含水层的疏干，还会增加矿井涌水量。当含水层底部有较厚的隔水黏土层时，导水裂隙带的发育高度会明显降低，对该含水层的影响也随之减少。第四系松散岩类孔隙水在煤矿开挖后其流向也会发生变化，由水平运移为主转化为垂向运移为主，水流不再进入河道而是向下渗入采空区。

2.4.2.3　降低煤矿开采区周围的地下水位

煤矿开采对地下水位的影响主要发生在两个阶段，第一个阶段是煤矿开采前期，需要对矿井进行排水，方便煤矿的开采，同时降低矿井突水风险，这一阶段地下水位下降较缓慢，不会出现降落漏斗。第二个阶段是煤矿开采期，这一阶段主要是含水层自然疏干，如果长期对含水层进行大量的人工排水，就会改变地下水流向，破坏补给和排放的平衡状态，容易形成以采空区为中心的降落漏斗。当矿井排水量接近或小于地下水补给量时，地下水位会保持不变或略有回升；当矿井排水量远大于地下水补给量时，地下水位就会大幅下降甚至出现降落漏斗。

通过观测窟野河单个矿井的地下水位变化过程也可以发现，采用放顶煤采煤法采煤，在首次放顶后地下水位迅速下降，随着采空区结构逐渐稳定，地下水位也趋于稳定，整个过程中地下水位经历了迅速下降→活跃→稳定3个阶段。

2.4.2.4 改变煤矿开采区周围的地下水流场

采煤形成的采空区除改变地下水位外还会改变含水层的分布和形态，使地下水动力场发生变化。在采空区附近，第四系松散岩类含水层逐渐被疏干，形成地下水降落漏斗，煤层上伏含水层由承压变为无压。在影响半径内地下水由水平流动转化为垂向流动，补、径、排关系不断发生变化，进而形成新的地下水流场。

图2-6为窟野河某矿区工作面的地下水流场变化过程。从图中可以看到，在自然条件下大气降水入渗补给第四系松散岩类含水层之后，在水动力作用下缓慢向泉眼移动并从泉眼排泄到地表，形成稳定的流场[见图2-6(a)]。随着工作面的推进，矿井涌水量随之增加，经过长时间的疏水降压工程，地下水位持续下降，排泄方式从泉水为中心变为以疏降水井为中心进而变为以采空区为中心的排泄方式[见图2-6(b)]。当采煤结束后，采空区顶板经过再造过程，围压逐渐稳定，导水裂隙带也停止发育，地下水位也趋于稳定状态[见图2-6(c)]。

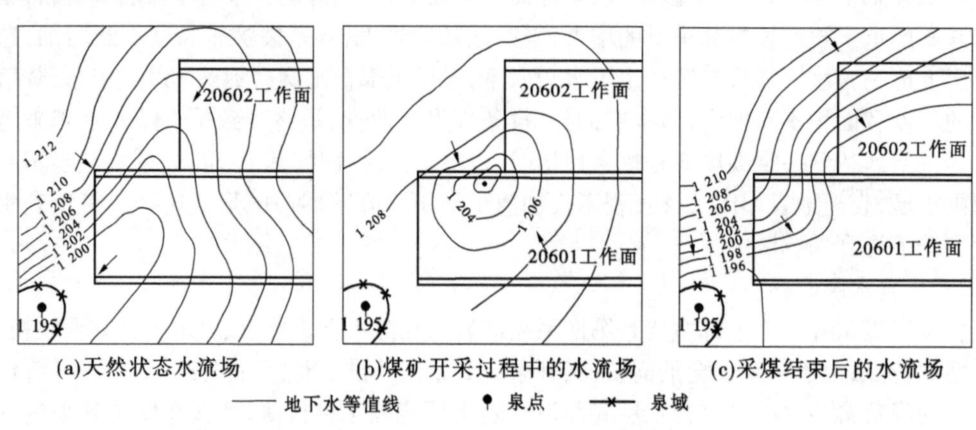

图2-6 窟野河某矿区地下水流场变化图

2.4.2.5 改变窟野河径流和地下水相互转化的关系

煤矿开采后，采空区发生塌陷、地裂缝等地质灾害，破坏了煤层上部的地下水隔水层和含水层储水结构，使得矿区第四系松散岩类孔隙水和含煤地层裂隙水相互贯通。当采空区底部低于窟野河河底高程时，基流通过导水裂隙带排入采空区，一部分地下水垂直排入采空区，使天然基流减少。在地表发生塌陷和裂缝的采空区，地表水在坡面漫流和河道汇流过程中，会直接渗入采空区，造成地表径流减少。因此，在“三带”发育较好的煤矿区，窟野河基流和河道里的水量会减少。

2.4.3　煤矿开采对流域水资源量的影响

通过以上内容的分析可知，窟野河流域煤矿开采导致“三带”产生，采空区的存在使得其上覆岩出现裂隙，联通了地表—含水层—采空区，使得含水层中原本是补给地表的水量转而通过这些裂隙渗漏至地下采空区；窟野河河道里的水资源也同时会沿着裂隙带储存在采空区中，造成窟野河基流减少。流域内径流大幅度减少，加剧了水资源量与人类生产、生活用水量之间的矛盾，造成地下水资源超采的后果。地表水虽然经过地裂缝流入采空区，但是由于这些水资源滞留在采空区时间过长，其水质发生了根本性的变化，不能直接利用。所以，尽管流域的水资源总量变化不大，但实际可利用的水资源量却是急剧减少。

2.5　小　结

本章对窟野河流域的水文、气象、地质、地貌、下垫面情况、社会情况以及煤矿开采对流域水文循环的影响机制进行了全面的总结和论述。

首先，简要介绍了分析流域水文时间序列趋势的一种通用方法 Mann - Kendall 检验方法，并简单介绍了联合 Mann - Kendall 和 Pettitt 变异点检测方法的原理。其次，针对流域内降雨、蒸发和径流进行了年内及年际变化分析。进而使用 Mann - Kendall 检验方法分析了窟野河流域中具有代表性的 3 个水文站和 1 个气象站的年降雨、蒸发趋势。检测结果表明，1966 ~ 2009 年除新庙站降雨量是增加趋势外，其他各站均为减少趋势，而蒸发量则呈减少趋势；它们的变化均不显著。接着将联合 Mann - Kendall 和 Pettitt 变异点检测方法应用于黄河中游的窟野河流域，并对流域中 3 个具有代表性的水文站的实测年径流进行了检测，根据检测结果将流域径流突变点确定为 1979 年和 1996 年。通过上述的定性分析，本书认为窟野河径流锐减与 1979 年后流域开始实施大规模的水土保持措施及 1997 年后煤矿大规模开采和水保措施等人类活动有着密切的关系。

系统总结分析流域内煤矿开采对水文循环影响机制，得出的具体结论如下：窟野河流域地处干旱半干旱区，流域内水资源量并不丰富，煤矿开采加剧了流域内可利用水资源的减少。其对窟野河流域水资源的影响机制是：流域所开采的延安组煤层上覆岩层比较薄，随着工作区的推进，开挖深度增加，采空区范围不停增加，导致上覆岩层不断垮落和塌陷，落入采空区，形成冒落带，同时在冒落带上部又形成了裂隙带。这两带组合而成的导水裂隙带使采空区与第四系松散岩类含水层建立了水力联系，造成该含水层中的水资源加速渗入采空区，直至被疏干，进而导致区域的地下水位下降和地下水流场发生变化，含水层不再横向补给基流，而是滞留在采空区，转化为矿坑积水；当导水裂隙带发育至地表时，地表水则会通过导水裂隙带渗入已疏干的含水层进而进入煤矿采空区，造成窟野河基流大幅度减少，进入采空区的一部分地表水转化成矿坑积水通过水泵再次进入地表水文循环中，另一部分地表水则滞留在采空区，两者均导致地下水和地表水的水质同时恶化，进而造成流域内水资源可利用量的减少，加剧了水资源量与生产、生活用水需求的矛盾。

第3章　基于分布式SWAT模型研究煤矿开采对径流的影响

一些研究表明SWAT模型可以很好地模拟喀斯特地貌下的径流情况，而煤矿开采后形成的采空区的水力特性又与喀斯特地貌下的河流水力特性十分相似，因此本书采用分布式SWAT模型量化煤矿开采对径流影响。本章首先根据人类活动对径流的影响机制对人类活动进行分类，将其划分为直接人类活动和间接人类活动两类。然后采用SWAT模型分别定量计算1966～2009年人类活动和气候变化对窟野河径流变化贡献量和1997～2009年煤矿开采对径流锐减的贡献量。为利用SWAT－VISUAL MODFLOW耦合模型计算煤矿开采对地下水的影响提供技术支持。

3.1　研究思路

本章的具体研究思路是：首先细化人类活动因素，考虑到煤矿开采、农业灌溉、地下水回灌、水利工程等人类活动在一定时段内直接改变了水资源的时空分布，然而农业耕作、城市化、水保措施等人类活动则改变了下垫面的情况，即间接改变了水资源的时空分布。因此，本研究将这些人类活动对径流的影响划分为直接人类活动影响和间接人类活动影响两类。在这个基础上将研究时期划分为三个时期，即第一时期——天然时期（1966～1978年）、第二时期——间接人类活动影响为主时期（1979～1996年）及第三时期——直接人类活动影响为主时期（1997～2009年）。据此建立“天然时期”和“间接人类活动影响为主时期”的窟野河的分布式SWAT水文模型，并分别对这两个时期的模拟结果进行率定和验证。根据第2章的研究成果：窟野河径流的影响因素主要包括降雨、蒸发等气候因素，以及煤矿开采等人类活动因素。因此，将窟野河流域1979～1996年和1997～2009年的气候数据代入人类活动干扰较小的“天然时期”建立的SWAT模型进行模拟，这两个时期的模拟值与基准时期（天然时期）径流观测值的差值即为这两个时期窟野河流域气候因素造成的减水量；模拟值与这两个时期径流观测值的差值即为这两个时期窟野河流域人类活动因素造成的减水量。将1997～2009年的气候数据代入“间接人类活动影响为主时期”建立的SWAT模型（采用1997～2009年时期的土地利用图），得到的径流模拟值与“间接人类活动影响为主时期” 径流观测值的差值即为“直接人类活动影响为主时期”窟野河流域气候因素与间接人类活动影响造成的减水量；模拟值与“直接人类活动影响为主时期”径流观测值的差值即为“直接人类活动影响为主时期”窟野河流域煤矿开采和人类生产生活用水因素造成的减水量。计算流程详见图3-1。

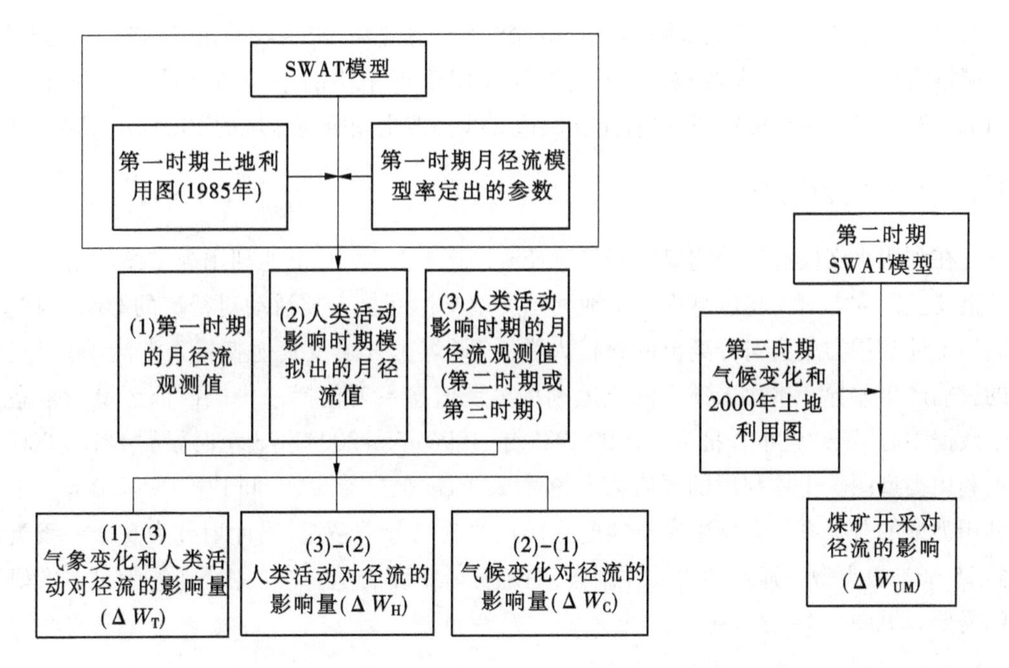

(a)气候变化和人类活动对径流影响计算流程　　(b)煤矿开采对径流影响计算流程

图3-1　窟野河气候变化和人类活动(煤矿开采)对径流影响量计算流程

3.2　模型基础数据的整备与处理

为实现流域SWAT水文模型的精确模拟,在本次研究的全过程中均进行了系统的信息采集,所获取流域的基础信息数据主要包括空间数据和气象数据两类。空间数据主要有数字高程模型(DEM)、土壤类型图、土地利用图;气象数据主要有日平均降雨量、日最高气温和最低气温、日太阳辐射、日风速和日相对湿度等。

根据SWAT模型对数据库的要求,将所有数据的地理坐标和投影进行统一。本次研究所用的地理坐标为WGS84基准面,投影采用椭球体Krasovsky的Albers等积圆锥投影,并在ArcGIS软件下转换成统一分辨率的栅格图形。

3.2.1　数字高程模型(DEM)

数字高程模型(DEM)是SWAT模型运行的基础。首先通过ArcGIS平台处理DEM数字高程栅格数据,可以自动生成流域的河网,通过设定子流域阈值和雨量站观测站点位置可以划分出子流域,进而得到河网的拓扑关系、子流域面积、坡度及坡长等参数。

本次研究采用的窟野河流域DEM数据是从中国科学院数据应用环境中心下载的ASTER GDEM 30 m分辨率高程数据,地图投影采用Albers等积圆锥投影。ASTER GDEM为栅格型DEM,它涵盖了全球99%的陆地高程数据,采用WGS84大地基准面,水平坐标为经纬度坐标,水平分辨率为1弧度秒,垂直精度20 m,水平精度30 m。此DEM是1°×

1°网格,根据窟野河流域的范围,采用 ArcGIS 平台将北纬 38°～40°,东经 109°～111°的 4 个栅格拼接合成一个大栅格,在无数据处采用临近栅格的平均值替代。这样便得到 30 m×30 m 栅格的 DEM 图,接着用流域边界线提取出窟野河流域的 DEM 图,见图 2-1。

3.2.2　土地利用类型图

在利用水文模型法分离煤矿开采对径流的影响过程中,土地利用类型图的精准度非常重要。因为本研究将流域内的土地利用类型当作间接人类活动对径流的影响,因此不同的土地利用类型会对分离出的直接人类活动(煤矿开采及其他直接人类活动)对径流的影响产生差异。本次采集到的土地利用类型信息主要包括:"中国西部环境与生态科学数据中心"下载经审查批准生产的 1985 年、1996 年和 2000 年 3 个时段的 1∶100 000 土地利用类型图。土地利用的源信息为各时段的 TM 数字影像,空间分辨率为 30 m。土地利用类型的分类系统采用国家土地遥感详查的两级分类系统,累计划分为 6 个一级类型和 25 个二级类型。通过地表抽样调查,遥感解译精度为 96.5%,完全能够满足本次研究的需要。见图 3-2～图 3-4。

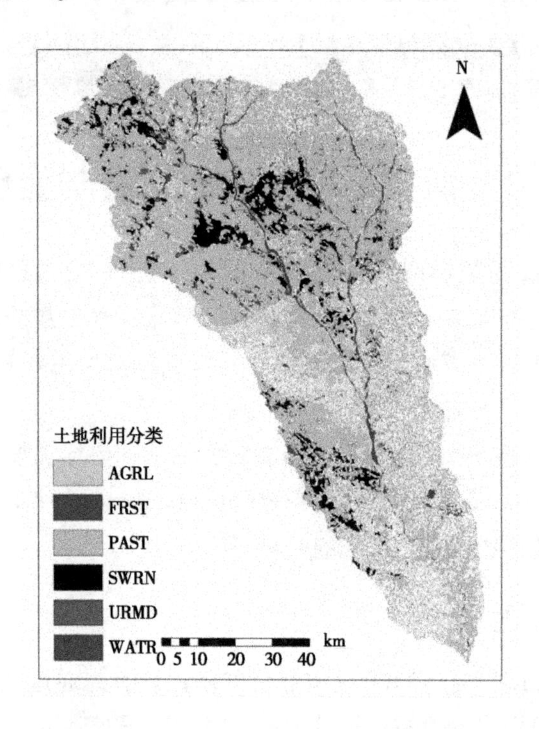

图 3-2　1985 年窟野河流域土地利用图

SWAT 模型中使用的是美制的土地利用类型代码,参照郝芳华等的研究成果,本研究将窟野河流域的原土地利用类型代码重分类成美制的土地利用类型代码,重新划分为 6 类。重分类情况见表 3-1。

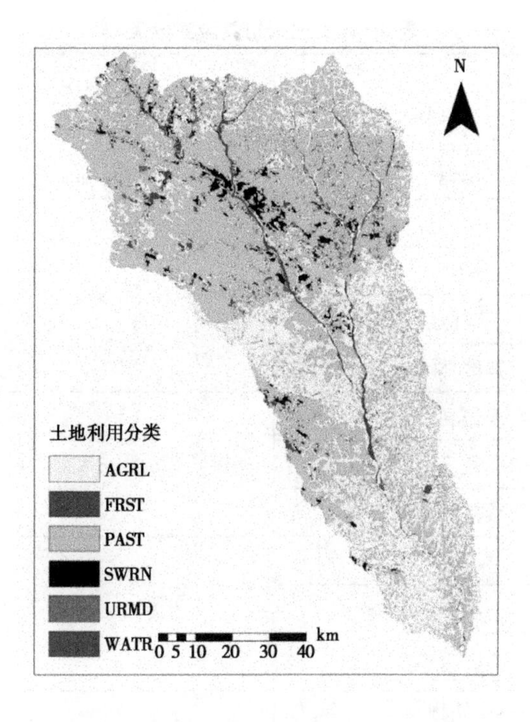

图 3-3　1996 年窟野河流域土地利用图

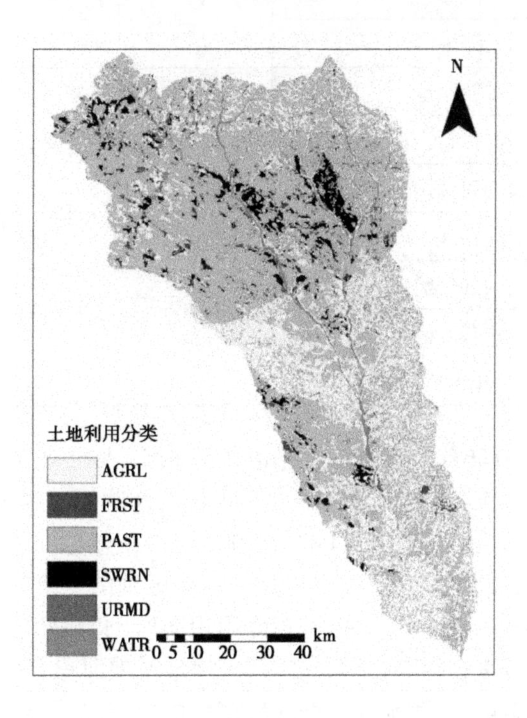

图 3-4　2000 年窟野河流域土地利用图

表 3-1　土地利用类型重分类

原分类		重分类	
代码	名称	SWAT 中类别	SWAT 中代码
12	旱地	Agricultural Land	ARGL
21	有林地	Forest mixed	FRST
22	灌木林		
23	疏林地		
24	其他林地		
31	高覆盖度草地	Pasture	PAST
32	中覆盖度草地		
33	低覆盖度草地		
41	河渠	Water	WATR
42	湖泊		
43	水库坑塘		
44	永久性冰川雪地		
45	滩涂		
46	滩地		
51	城镇用地	Residential medium	URMD
52	农村居民点		
53	其他建设用地		
61	沙地	Southwestern US Arid	SWRN
63	盐碱地		
64	沼泽地		
65	裸土地		

由于流域 20 世纪 70 年代的遥感数据难以获取，所以本研究将 1985 年土地利用图作为第一时期（1966～1978 年）的土地利用图，1996 年的作为第二时期（1979～1996 年）的土地利用图，2000 年的作为第三时期（1997～2009 年）的土地利用图。由图 3-2～图 3-4 可以看出，三个时期流域的土地利用类型还是有一些区别的。第三时期相对于第一时期的旱地耕地面积有所增加、林地面积减少、草地面积增加、水域面积基本不变、居民用地小幅增加、荒地面积减少较多；而相对于第二时期则旱地耕地面积有所减少、林地面积增加、草地面积减少、居民用地增加、荒地面积增加较多。由此可以看出，1997 年前由于水土保持措施的大规模实施，窟野河流域的环境已有所好转，但由于 1997 年后的煤矿大规模开采环境又开始恶化。具体统计数据见表 3-2。

表 3-2　土地利用类型统计　(%)

平均	耕地	林地	草地	荒地	居住用地	水域
1985	19.43	4.41	61.99	10.31	0.80	3.06
1996	20.06	3.78	67.98	4.34	0.82	3.02
2000	19.67	4.30	65	7.13	0.85	3.05

3.2.3　土壤类型图及土壤数据库的建立

土壤类型是 SWAT 模拟径流的重要数据，不同的土壤类型会对水文响应单元中的水文循环起到重要的作用。该数据来源于联合国粮食及农业组织(UNFAO)等构建的世界和谐土壤数据库(HWSD)，窟野河流域的数据来源于南京土壤所提供的分辨率为 1∶100 万数据集。窟野河流域土壤类型见图 3-5。

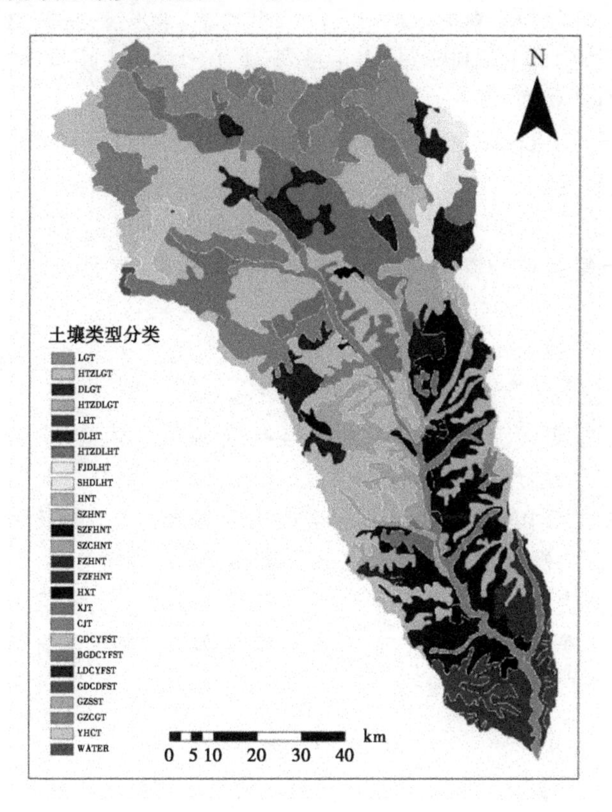

图 3-5　窟野河流域土壤类型图

SWAT 土壤数据库中需要输入的主要数据有土壤名称、所属水文组、植被根系深度、土壤可蚀性 K 值等。其中，土壤可蚀性 K 值的计算采用 Williams 等在 EPIC 模型中使用的公式：

$$K = \left\{0.2 + 0.3\exp\left[-0.0256\, S_{\mathrm{d}}\left(1 - \frac{S_i}{100}\right)\right]\right\} \times$$

$$[S_i/(C_1+S_i)]^{0.3}\{1-0.25C/[C+\exp(3.72-2.95C)]\}\times$$
$$\{1-0.7(1-S_d/100)/[(1-S_d/100)]+\exp[-5.51+22.9(1-S_d/100)]\}$$
(3-1)

式中：S_d为砂粒（0.05～2.0 mm）含量（%）；S_i为粉粒（0.002～0.05 mm）含量（%）；C_1为黏粒（<0.002 mm）含量（%）；C为有机碳含量（%）。

该模型中各指标值均采用实测数据。其他数据一部分可以在UNFAO提供的HWSD土壤数据集中查询得到，另一部分可通过土壤水文特性软件（SPAW）计算得到。

3.2.4 水文气象数据库的建立

3.2.4.1 降雨

本研究收集了窟野河流域水文气象站点长序列的降雨过程数据，来源于黄河水利委员会和气象两个部门，具体数据资料来源如下：

1. 黄河水利委员会雨量数据

选用窟野河流域1966～2009年44年系列21个雨量站点逐日降水数据。

2. 气象部门雨量数据

选用窟野河流域1966～2009年44年系列东胜气象站点逐日降水数据。

3.2.4.2 其他气象资料

收集整理了1957～2009年东胜气象站逐日气象数据，根据SWAT模型数据输入要求对数据进行统计计算。统计资料有日照小时数、太阳辐射、气温、水汽压、相对湿度、风速。

3.2.4.3 径流

径流资料来源于黄河水利委员会编写的《中华人民共和国水文年鉴》，共3个水文站的逐日观测径流值。

收集并整理了窟野河流域1966～2009年44年系列王道衡塔、新庙和温家川3个水文断面逐日流量信息，站点布设如图2-1所示。

SWAT气象数据库中需要输入的主要数据有日最高气温、最低气温、月平均降雨量、月平均风速等。其中，温度和风速可由Excel和Dew02软件得到，降雨数据由PcpSTAT软件得到，缺失的观测资料采用多年月平均值进行插补处理。当实际观测的日气象数据缺失时，可以用SWAT模型自带的“天气发生器”根据多年月平均统计资料模拟出日气象数据进行查补处理。

3.2.5 河网

3.2.5.1 实测河网

实测河网来自于国家基础地理信息中心测绘的1:25万地形数据库。

3.2.5.2 模拟河网

利用ArcGIS平台将河网从栅格型DEM上提取出来，提取过程中比对收集到的实测河网图进行修改，使模拟河网与实测河网趋于一致。

3.3　基于SWAT模型的窟野河流域径流模拟方法

首先在ArcSWAT中输入已经转换成Albers等积圆锥投影的DEM、土地利用、土壤类型等栅格地图,进行流域分割。SWAT模型对流域的分割包括划分子流域和在子流域内根据土壤类型、土地利用类型和流域坡度生成水文响应单元(HRU)。在生成流域HRU的基础上,输入降雨、温度、气象站点位置、太阳辐射等气象数据,进行流域的径流模拟计算和模型参数率定。SWAT模型模拟运算流程见图3-6。

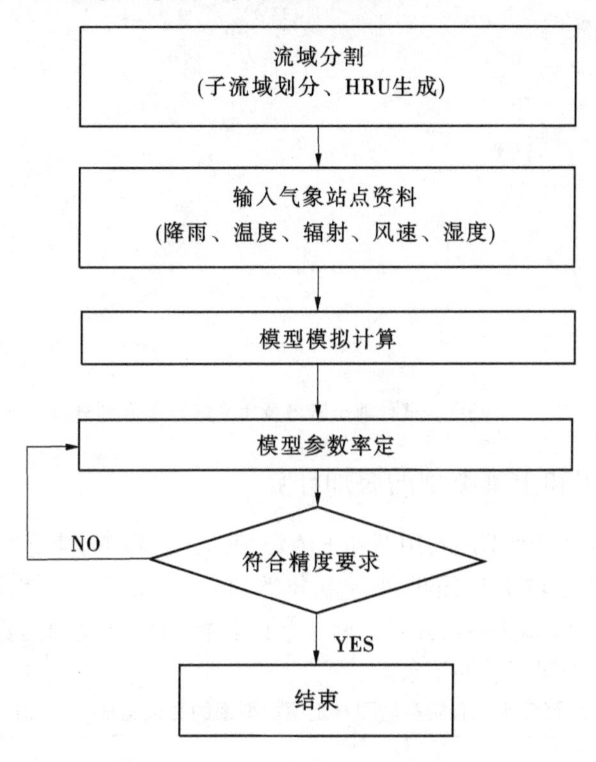

图3-6　SWAT模型流域模拟计算流程

3.3.1　子流域的划分

SWAT模型是分布式水文模型,首先设置子流域最小面积的阈值,将一个流域划分为多个子流域,在此基础上再将子流域划分为互相独立的HRU。同一个HUR具有相似的气候因子(降雨量、气温、辐射等)、地形因素(坡度、坡长等)、流域河道特征等。该阈值影响子流域的划分、HRU的划分以及流域内参数的分布。阈值越小,河网的分支越多,子流域的数目也随之增大,这将会导致模型运行效率的降低。考虑模型计算效率及雨量站分布情况,本次研究设定窟野河子流域面积的阈值为10 000 hm^2, 并选择新庙、王道衡塔2个水文站作为子流域出口点,温家川水文站作为流域出口点,得到流域内子流域划分图。在本次研究中把窟野河流域划分为31个子流域,见图3-7。

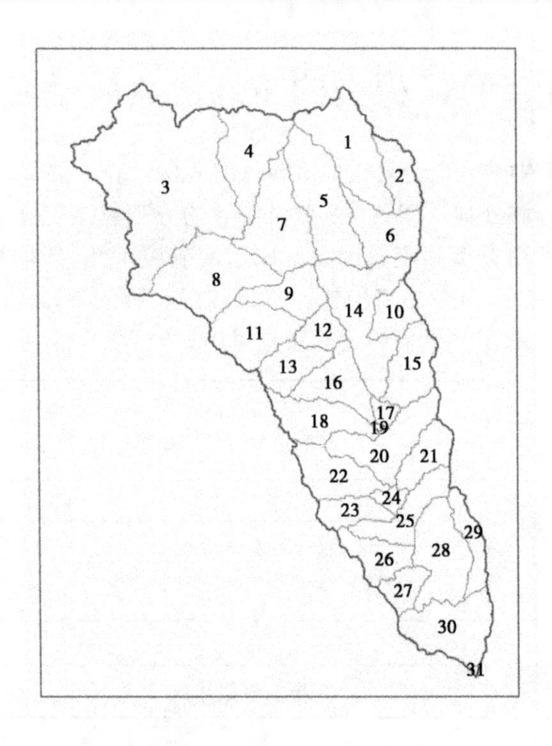

图 3-7 窟野河子流域及水文响应单元划分

3.3.2 土地利用和土壤类型的叠加计算

将重分类后的窟野河土地利用图和土壤类型图导入模型，建立对应的属性表。将导入的土地利用图和土壤类型图再进行重分类(Reclassification)，生成两个新的分类图(SwatLanduseclass 和 Soilclass)，并对这两个新的分类图进行叠加运算。表 3-3 为子流域中两个新分类图叠加运算后的结果。

表 3-3 窟野河土地利用类型图与土壤类型图的叠加结果(以子流域 1 为例)

子流域 1		面积(km^2)	占总流域面积比例(%)	占子流域面积比例(%)
		415.08	5.00	100.00
土地利用	URMD	2.43	0.03	0.50
	PAST	312.42	3.77	75.33
	WATR	15.39	0.19	3.71
	AGRL	58.22	0.70	14.04
	FRST	21.22	0.26	5.12
	SWRN	5.40	0.07	1.30

续表 3-3

子流域 1		面积 (km^2)	占总流域面积 比例(%)	占子流域面积 比例(%)
		415.08	5.00	100.00
土壤类型	DLHT	27.77	0.33	6.61
	FJDLHT	24.64	0.30	5.94
	GZCGT	167.63	2.02	40.42
	HTZLGT	7.14	0.09	1.72
	LGT	186.05	2.24	44.86
	SHDLHT	1.85	0.02	0.45

3.3.3　水文响应单元的划分及生成

对于复杂的大流域,每一个子流域内部存在着不同的土壤－植被组合,而这些组合具有不同的水文效应。SWAT 模型根据不同的土壤－植被组合方式,将每一个子流域划分为一个或多个土壤－植被组合方式相对单一的水文响应单元(HRU),以此来反映不同土壤－植被组合后的水文效应差异。HRU 作为模型中最基本的计算单元,彼此之间相互独立。

在 SWAT 模型中生成子流域中的 HRU 一共有两种方法。第一种方法是优势土类占有法,即每个子流域内只存在一个 HRU,这个 HRU 由设定的土地利用面积阈值来确定子流域内土地利用类型和土壤类型组合情景,其他小于该阈值的土地利用类型和土壤类型组合情景均被忽略;第二种方法是多个 HRU 法,即不管土地利用类型和土壤类型组合面积的大小,全部都生成 HRU,此方法在下垫面复杂流域利用的较多。

从图 3-2 ~ 图 3-5 可以看出,窟野河流域的土地利用类型和土壤类型较多,下垫面条件比较复杂。因此,本研究选用在每一个子流域内生成多个 HRU 作为 SWAT 模型的基本运算单元。窟野河流域共生成 111 个 HRU,HRU 内的土地利用类型和土壤类型见表 3-4。

表 3-4　窟野河水文响应单元土地利用类型与土壤类型(以子流域 1 为例)

HRU	土地利用类型	土壤类型	面积比(%)
1	PAST	GZCGT	2.50
2	PAST	LGT	2.50

3.3.4　模型参数输入

窟野河降雨资料采用区域内 18 个雨量站、3 个水文站和 1 个气象站的日降雨长序列资料,其他温度、太阳辐射、风速、相对湿度的气象数据来源于东胜气象站。土壤、子流域、水文响应单元、河网等数据以 DBF 文件格式载入模型。河网可以在 SWAT 模型中自动生成,再对比实际河网,在 ArcGIS 中修正后再导入模型中。

3.3.5　模型参数率定及不确定性分析

将模型的基础数据库输入到模型之后，就可以在模型参数输入界面设定模型参数，从而开始流域的水文模拟运算。但是这些参数并没有根据流域实际情况进行赋值，因此首先要进行模型的预热，减弱初始参数对模型模拟结果的影响。本次研究的预热期统一设置为2年。然后利用SUFI－2算法进行模型参数率定。

本次研究采用Sequential uncertainty fitting ver. 2(SUFI－2算法)率定SWAT模型参数，并对参数进行不确定性和敏感性分析。SUFI－2算法首先假设一个较大的参数不确定性范围，尽可能地让所有实测数据包含在95 percent prediction uncertainty(95PPU)区间内，该区间的边界是拉丁超立方随机抽样中输出模拟值累积分布的2.5%和97.5%的两个分位点。然后遵循以下两个规则来减少参数的不确定性：①大多数实测值落在95PPU区间内；② 95PPU的区间距离较小。针对这两个规则采用 *P－factor* 和 *R－factor* 两个指标量化：

$$P-factor = \frac{nq_{in}}{n} \times 100\% \tag{3-2}$$

式中：N 为观测点总数；nq_{in} 为包括在95PPU内的观测点数目。

$$R-factor = \left[\sum_{l=1}^{k}(q_U - q_L)_l\right]/k\sigma_q \tag{3-3}$$

式中：k 为观测值个数；q_U、q_L 为模拟值累积分布的97.5%和2.5%的分位点；σ_q 为实测流量 q 的标准差；*P－factor* 为95PPU区间内包含实测数据的百分数，其含义是观测数据个数落在拉丁超立方随机抽样中的95%置信区间的百分数，它可以包含全部的观测数据或是完全不包含观测数据；*R－factor* 为由拉丁超立方随机抽样数据的标准差划分的95PPU区间的平均宽度，其含义是拉丁超立方随机抽样样本落在95%置信区间内的密集程度。

宽度越大，样本分布越零散，说明数据不确定性越大；宽度越小，样本分布越集中，说明数据的不确定性越小。理论上，*P－factor* 的合理区间为0到1，*R－factor* 的合理区间为0到无穷大。在实际应用中，当 *P－factor*≥70%且 *R－factor* 小于1时，表示模拟结果较为理想。

在SUFI－2中，有两类共3种方法可以计算出参数的敏感性。

第一种方法是"one－at－a－time"(OAT)。这个方法每次率定参数时，首先把其他参数视为固定的值，仅计算一个参数的敏感性。这种方法的优点是：在参数率定前就可以得到参数的敏感性，提高了参数率定的效率，同时也可以检验SWAT的敏感性分析结果。这种方法的局限性是其他参数固定不变的时候，计算出的这一个参数的敏感性结果也可能会出现错误。

第二种方法是"Global Sensitivity Analysis"全局敏感度分析。这种方法是在参数敏感性分析、不确定性分析和率定的过程中，计算下次率定时所需要的参数范围。该方法是通过多元回归模型计算参数的敏感性，将Latin Hypercube(LH)抽样生成的参数与目标函数值进行回归分析，计算公式为

$$g = \alpha + \sum_{i=1}^{n}\beta_i b_i \tag{3-4}$$

式中：g 为目标函数；α、β 为回归方程的系数；b_i 为参数值；n 为参数数目。

T检验用来确定每个参数的敏感性，其绝对值越大，表明参数越敏感。P 值是T检验值查表对应的 P 概率值，P 值表明参数敏感性的显著性，其值越接近于0，显著性越大。这种方法的优点是不会出现第一种方法的错误，但是在参数很多的情况下计算效率会大幅度的下降。

第三种方法是观察散点图。散点图列出了每次模拟的目标函数值，可以把参数的敏感性区间缩小到目标函数最符合要求的区间。其本质与"Global Sensitivity Analysis"全局敏感度分析方法是一致的，仅仅是将结果图形化了。

对于本次研究，由于选用的参数并不是很多，同时为了避免方法一可能出现的错误，选择第二种方法进行参数的敏感性、不确定性分析和率定。

本研究采用Nash－Suttcliffe Efficiency系数（N_{SE}）、相关性系数 R^2 和相对误差 RE 三个指标来评估模型在校准和验证过程中的模拟效果。N_{SE}、R^2 和 RE 的计算公式分别如下：

$$N_{SE} = 1 - \frac{\sum_{i=1}^{n}(Q_{oi} - Q_{pi})^2}{\sum_{i=1}^{n}(Q_{oi} - \bar{Q}_o)^2} \tag{3-5}$$

$$R^2 = \frac{\left[\sum_{i=1}^{n}(Q_{pi} - \bar{Q}_p)(Q_{oi} - \bar{Q}_o)\right]^2}{\sum_{i=1}^{n}(Q_{pi} - \bar{Q}_p)^2 \sum_{i=1}^{n}(Q_{oi} - \bar{Q}_o)^2} \tag{3-6}$$

$$RE = 100\left(\frac{\sum_{i=1}^{n}Q_{pi} - \sum_{i=1}^{n}Q_{oi}}{\sum_{i=1}^{n}Q_{oi}}\right) \tag{3-7}$$

式中：Q_{oi} 为实测流量；Q_{pi} 为模拟流量；$\bar{Q}_o$ 为平均实测流量；$\bar{Q}_p$ 为平均模拟流量。

式（3-5）中，当 $Q_{oi} = Q_{pi}$ 时，$N_{SE} = 1$；如果 N_{SE} 为负值，说明直接使用观测值的算术平均值比模型模拟值更具有代表性。式（3-6）中的相关性系数（R^2）是描述模拟值对观测值的拟合精度的无量纲统计参数，取值范围介于0～1，其值越接近1，表明模型的模拟效果越好。式（3-7）中的相对误差是模拟值与观测值之间的相对误差，该值越趋近0，说明模型模拟结果越准确。在本次研究中，当 $N_{SE} > 0.5$，$R^2 > 0.5$，RE 在 $\pm 25\%$ 内时，模型模拟精度可以接受。

SWAT模型的最大特点是有诸多参数，本研究根据影响流域径流的主要因素及敏感性分析结果在第一时期选取了10个参数，第二时期选取了12个参数对建立的第一、二时期的SWAT模型进行率定。

（1）径流曲线数（CN）。径流曲线数是SCS模型中用于描述流域产流能力的一个无量纲参数。将降雨前期土壤湿润程度、坡度、土壤类型和土地利用现状等因素综合在一起，可以直接反映流域产流能力。CN值把流域下垫面条件定量化，用量化指标来反映下垫面条件对产流过程的影响。

(2)土壤有效含水率(soil available water capacity,SOL_AWC)。反映当土壤达到田间持水量时,植物根系可吸收的水量。可由下式估算:

$$AWC = FC - WP \tag{3-8}$$

式中:AWC 为土壤有效含水率;FC 为土壤田间持水率;WP 为植物根系无法从土壤中吸取水分而开始凋萎时的土壤含水率。

随着土壤含水率的降低,地表径流则随之增加,继而引起土壤中的水分减少,蒸散发量也将进一步减少。土壤有效含水率的取值范围在 0~1。

(3)土壤蒸发补偿系数(soil evaporation compensation factor,ESCO)。与土壤可进行蒸发的深度有关,可以解释土壤吸附水分的能力以及土壤水分由较湿层向较干层土壤的移动。土壤蒸发补偿系数越低,深层的土壤就可以补偿上层土壤由蒸发所缺失的水分,引起更高的土壤蒸发量。该系数与产流量呈反比例关系。土壤蒸发补偿系数的取值范围为 0~1。

(4)基流 α 因子(ALPHA_BF)。可以直接反映地下水补给径流的能力,该系数的增大可以增加地下水径流量。基流 α 因子的取值范围是 0~1,0~0.3 表示响应速度较慢;0.9~1.0 表示响应速度较快。

(5)地下水蒸发系数(GW_REVAP)。是地下水蒸发能力的一个无量纲系数。该系数增加时,潜水蒸发量将增大。

(6)地下水的时间延迟(GW_DELAY)。是指通过渗透或侧向水流流过最底层土壤面的水量,在补给浅层和/或深层含水层之前要进入且穿过包气带时的时间。该值取决于潜水面的埋深及包气带和饱和带中地层的水力特性。

(7)主河道曼宁系数(CH_N2)。是综合反映河道壁面粗糙情况对水流影响的系数。

(8)主河道冲积物的有效渗透系数(CH_K2)。是地下水和河道中水的互相渗透系数。

(9)饱和渗透系数(SOL_K)。可以用来度量水流在土壤中运动的难易程度。

(10)土层底部埋深(SOL_Z)。是土壤表层到土壤底层的深度,单位为 mm。

(11)水文响应单元平均比降(HRU_SLP)。是 HRU 平均比降(‰)。

(12)最大冠层截留量(CANMX)。植物冠层影响下渗、地表径流及蒸散发。降水过程中将部分降雨截留在冠层上,使之不再参与剩下的水文循环过程。该值是冠层完全成长时的最大截留量。

(13)回归流产生所需地下水深阈值(GWQMN)。是指当浅层含水层水深大于此参数时,浅层含水层才会产生基流。

径流参数的校准,首先在水量平衡理论的基础上将流域总水量和各部分水量分别进行水量平衡校准;其次考虑地表产流和河道汇流时间,洪峰流量以及退水过程等因素对洪水过程进行校准。

3.4　窟野河月径流模拟结果

人类活动对径流的影响通常包括两方面的因素,一是通过取用水直接影响流域的产汇流过程;二是通过改变土地利用类型间接的影响流域的产汇流过程。煤矿开采、农业灌溉用水、地下水回灌、水工建筑物和其他人类活动会在短时间内改变水资源的时空分布直接影响径流。相对而言,农业种植、城市化、水土保持措施等人类活动则是通过改变流域下垫面的情况来间接影响径流的时空分布。基于以上人类活动的分类及第2章径流突变点的分析,本研究将气候与人类双重因素影响下的径流划分为三个时期:第一时期(1966～1978年:自然时期)、第二时期(1979～1996年:间接人类活动影响为主时期)、第三时期(1997～2009年:直接人类活动影响为主时期)。其中,之所以将第二、三时期的人类活动影响时期细化为间接人类活动影响和直接人类活动影响两个时期,是因为第二时期是以水土保持措施影响为主的时期,而第三时期则是以煤矿开采影响为主的时期。

利用SWAT模型分别针对第一时期和第二时期进行窟野河流域月径流的模拟。模拟结果见图3-8、图3-9。参数的敏感性分析及率定结果见表3-5和表3-6。

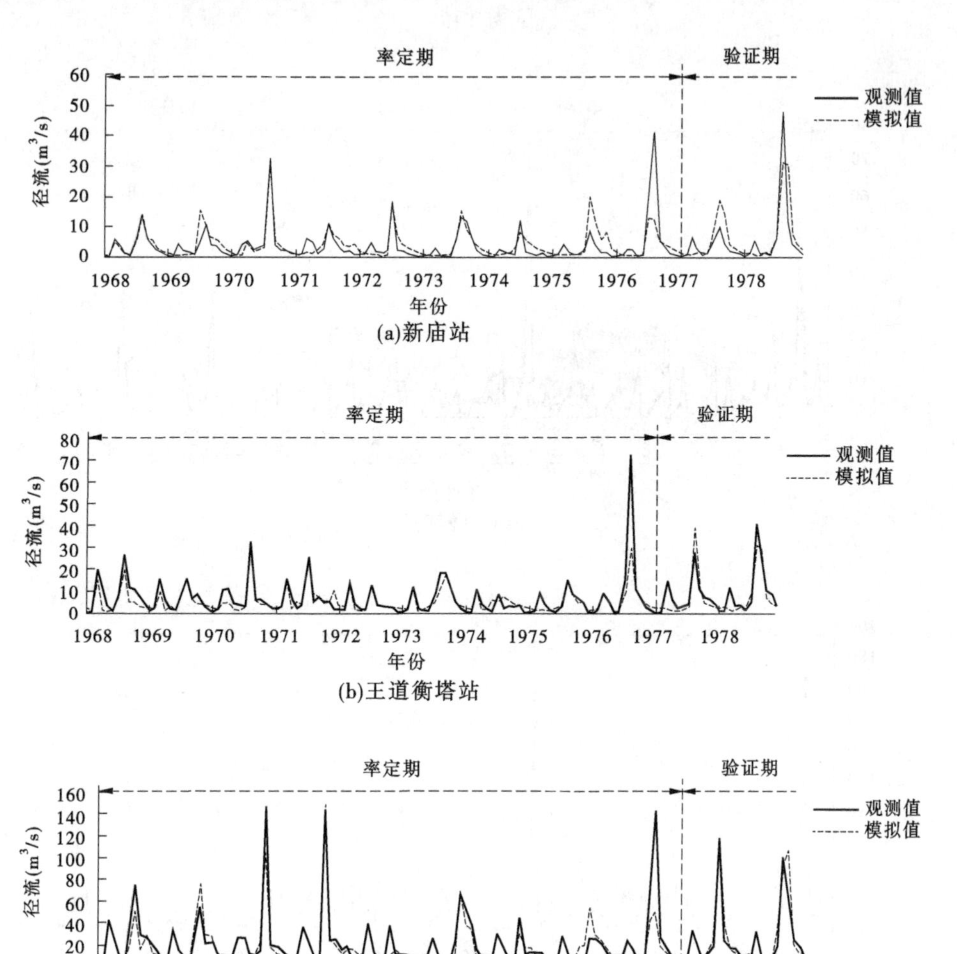

图3-8　第一时期(1966～1978年)窟野河月径流模拟结果

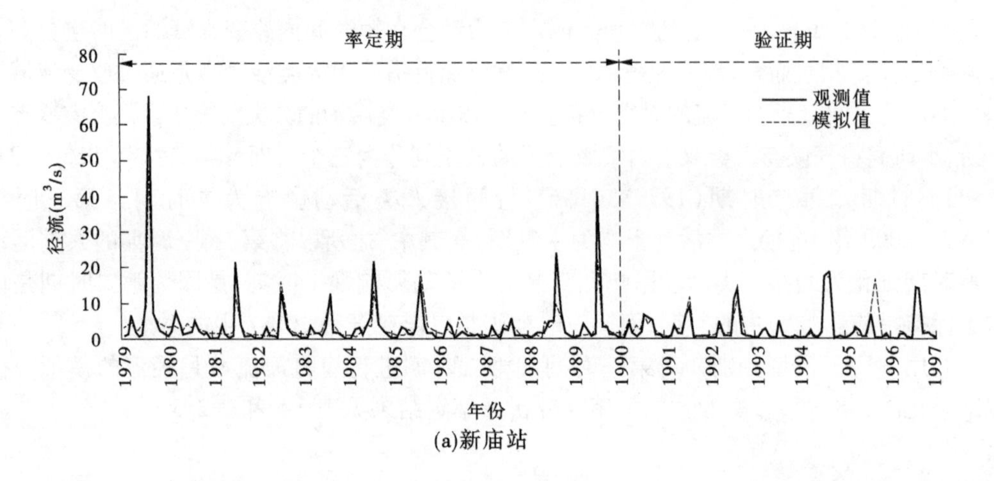

(a)新庙站

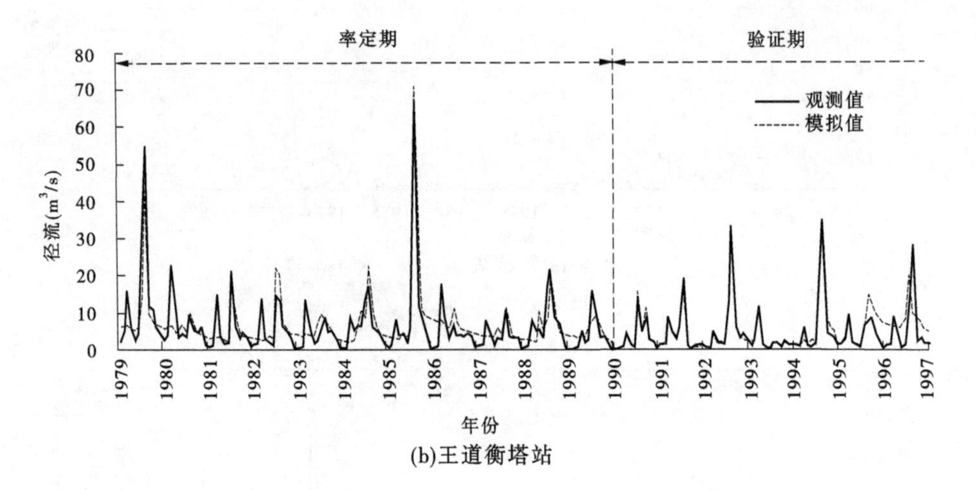

(b)王道衡塔站

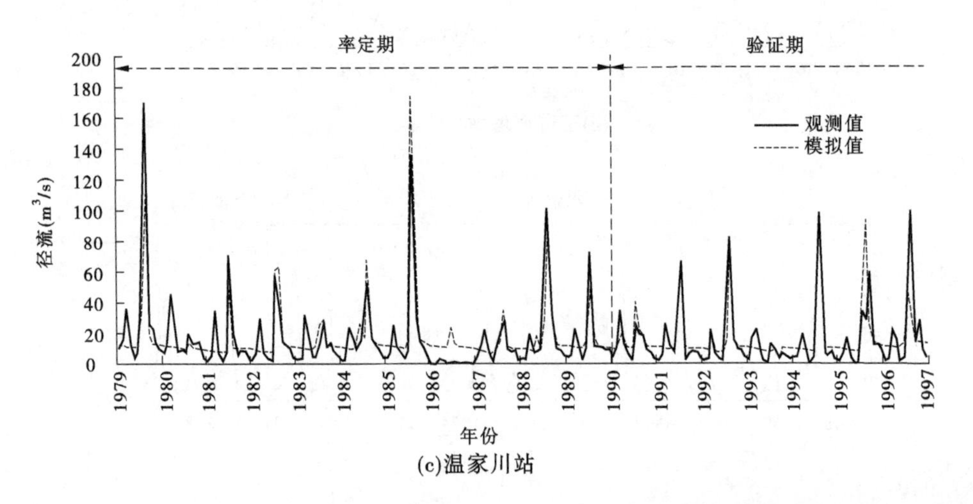

(c)温家川站

图 3-9　第二时期(1979～1996 年)窟野河月径流模拟结果

表 3-5　第一时期和第二时期选取的模型参数及率定结果

	参数名称	物理意义	t 值	p 值	初始范围		最终范围	
					最小值	最大值	最小值	最大值
第一时期	1:R__CN2. mgt	湿润条件Ⅱ下的初始 SCS 径流曲线数	13.42	0	-0.5	0.5	0.27	0.41
	2:V__ALPHA_BF. gw	基流 alpha 因子(d)	6.7	0	0	1	0	0.13
	3:V__GW_DELAY. gw	地下水延迟时间(d)	0.73	0.46	0	500	313.36	406.20
	4:V__GWQMN. gw	浅层含水层产生“基流”的阈值深度(mm)	1.72	0.09	0	5 000	1 413.23	2 358.79
	5:V__GW_REVAP. gw	浅层地下水再蒸发系数	0.13	0.9	0.02	0.2	0.05	0.08
	6:V__ESCO. hru	土壤蒸发补偿系数	0.43	0.67	0	1	0.51	0.74
	7:V__CH_N2. rte	主河道河床曼宁系数	0.55	0.58	0	0.3	0.17	0.21
	8:V__CH_K2. rte	主河道河床有效水力传导度(mm/hr)	7.08	0	0	150	0	18.27
	9:R__SOL_AWC(..). sol	土壤层有效水容量 [mm(H_2O)/mm(soil)]	1.24	0.21	-0.5	0.5	-0.1	0.2
	10:R__SOL_K(..). sol	土壤饱和水力传导度 (mm/hr)	4.68	0	-0.8	0.8	0.43	0.76
第二时期	1:R__CN2. mgt	湿润条件Ⅱ下的初始 SCS 径流曲线数	0.95	0.34	-0.5	0.5	-0.36	-0.07
	2:V__ALPHA_BF. gw	基流 alpha 因子(d)	1.8	0.07	0	1	0	0.08
	3:V__ESCO. hru	土壤蒸发补偿系数	1	0.32	0	1	0.43	0.69
	4:R__SOL_AWC(..). sol	土壤层有效水容量 [mm(H_2O)/mm(soil)]	2.21	0.03	-0.5	0.5	-0.25	-0.07
	5:R__SOL_K(..). sol	土壤饱和水力传导度 (mm/hr)	1.51	0.13	-0.8	0.8	-0.46	-0.30
	6:V__CANMX. hru	最大冠层截留量 [mm(H_2O)]	1.48	0.14	0	100	46.15	66.48
	7:V__HRU_SLP. hru	平均坡度(m/m)	1.02	0.31	0	1	0.70	0.82
	8:R__SOL_Z(..). sol	土壤表层到底层的深度(mm)	0.34	0.73	-0.5	0.5	0.25	0.43
	9:V__GW_DELAY. gw	地下水延迟时间(d)	1.81	0.07	0	500	0	171.89
	10:V__GWQMN. gw	浅层含水层产生“基流”的阈值深度(mm)	0.03	0.98	0	5 000	3 354.08	4 076.61
	11:V__GW_REVAP. gw	浅层地下水再蒸发系数	0.47	0.64	0.02	0.2	0.16	0.19
	12:V__SOL_BD(..). sol	土壤密度	0.2	0.84	0.9	2.5	1.06	1.31

注:1. V_:参数由给定值或绝对变化替代;R_:参数值乘以(1 + 给定值)或相对变化;

2. t 值表示参数的敏感性,t 值越大,参数越敏感;

3. p 值表示 t 值的显著性,p 值越大,参数被指定为敏感参数的正确率越高。

表 3-6　窟野河月径流模拟效果及不确定性

水文站	时段		N_{SE}	R^2	RE (%)	P - factor	R - factor
新庙	第一时期	率定期	0.61	0.95	7.98	0.73	0.57
		验证期	0.62	0.93	19.54	0.75	0.46
	第二时期	率定期	0.85	0.88	1.88	0.78	0.8
		验证期	0.68	0.73	19.3	0.7	0.81
王道衡塔	第一时期	率定期	0.67	0.92	-17.62	0.72	0.64
		验证期	0.68	0.93	-15.62	0.78	0.52
	第二时期	率定期	0.77	0.76	9.47	0.7	0.9
		验证期	0.77	0.79	15.69	0.73	0.85
温家川	第一时期	率定期	0.68	0.7	-14.1	0.84	0.82
		验证期	0.79	0.82	5.5	0.98	0.81
	第二时期	率定期	0.77	0.73	4.67	0.73	0.61
		验证期	0.59	0.58	10	0.7	0.46

从表 3-5 可以看出,第一时期的 4 个参数 CN2、ALPHA_BF、CH_K2、SOL_K 的敏感性最强,而这些参数又与流域的气象情况的关联性比较高,说明该时期的产汇流方式主要是受到自然条件的影响,人类活动干扰较少。同时也说明采用该时期作为“无”人类活动的自然时期是可行的。相较第一时期而言,第二时期的敏感性参数变为 SOL_AWC、GW_DELAY、ALPHA_BF、SOL_K、CANMX,其中 SOL_AWC、GW_DELAY、CANMX 分别是指土壤储水量、地下水延迟时间、最大冠层截留量,这 3 个参数说明第二时期流域产汇流的水量不仅受到自然环境的影响,而且受到大规模植树造林等人类活动的影响,进而也证明了将第二时期作为人类活动间接影响时期的合理性。

从图 3-8 和图 3-9 窟野河 3 个水文站的月径流模拟结果可以看出,SWAT 模型在模拟干旱半干旱地区、大尺度、受气候变化和间接人类活动影响下的流域的月径流效果较好。第一时期 3 个水文站在 1976 年 6 ~ 8 月以及 1978 年 1 ~ 5 月模拟值偏小。该时间段属于短时的强降雨时期,而 SWAT 模型虽然可以输入半小时内强降雨数据,但是其本质还是利用蓄满产流原理来模拟径流的,而窟野河流域内发生强降雨时的产流方式通常为超渗产流。因此,该模拟值偏小是正常的。1975 年间前 6 个月模拟值偏小,而后半年模拟值偏大;前半年降雨量较小,后半年降雨量急剧增大。根据 SCS 曲线法模拟出的径流值在没有大规模的人类活动干扰下必然会产生这种结果,这也是 SCS 曲线法不能完全适用于超渗产流区的必然结果。

第二时期的模拟效果比第一时期的模拟效果差一些,分析认为主要是由该时期的人类生产生活取用水,以及水土保持措施的大规模实施等一系列人类活动干扰造成的。王道衡塔站和温家川站的径流模拟值普遍大于观测值,分析其原因在于本次模拟没有在模型中考虑人类生产生活用水及农业灌溉用水。针对流量较大的年份,例如新庙站 1979

年、1989年,王道衡塔站、温家川站1979年、1985年。其月径流模拟值均偏小,本研究认为这也是由SCS曲线法不能完全适用于超渗产流区造成的。

第一时期的率定期和验证期分别为1968～1976年和1977～1978年;第二时期的率定期和验证期分别为1979～1989年和1990～1996年。

从表3-6可以看出:对于N_{SE}指标,除温家川站第二时期的验证期模拟结果比第一时期模拟结果差外,其他各水文站月径流第二时期模拟结果均优于第一时期;对于R^2指标,除温家川站外,其余各水文站第一时期模拟效果均优于第二时期;对于RE指标,除温家川站外,其余各水文站第二时期模拟效果均优于第一时期;对于$P-factor$、$R-factor$,两个指标的计算结果表明3个水文站1966～1996年的月径流模拟值的不确定性均较小。通过对月径流过程线和模型模拟效果评价指标结果的综合对比,本研究认为虽然第二时期的模型效果评价指标结果优于第一时期,但是月径流过程线却是第二时期好于第一时期。因此,可以认为第一时期月径流模拟值好于第二时期。通过对比3个水文站两个时期的月径流模拟值和模型模拟效果评价指标还可以看出,流域从北到南的月径流模拟效果越来越差,这是因为以水保措施为主的人类活动对窟野河中下游的干扰较多,另外在率定参数的过程中,流域出口站由于误差累积也会导致模拟效果变差。

综合以上分析,本研究认为通过选取合适的参数是可以利用SWAT模型较好模拟窟野河的月径流的;两个时期选取的参数不同也客观反映了人类活动对流域水文循环的影响。但是,为了使模型更适用于干旱半干旱及暴雨地区,今后还要从产汇流的机制角度对模型进行改进,加入超渗产流模块;由于窟野河流域的降雨通常具有短历时、强降雨的特点,因此SWAT模型输入数据的时间尺度还需要进一步降低。

3.5　气候变化和人类活动对窟野河地表水影响定量研究

量化气候变化和人类活动对径流的影响的方法主要有两种,即分项还原法和水文模型模拟方法。本次研究考虑到收集的数据有限,因此采用水文模型模拟法分离气候变化和人类活动(煤矿开采)对径流的贡献量。水文模型模拟方法首先假设气候变化和人类活动这两个对径流产生影响的因子是相互独立的,在这样的假设条件下,利用“自然时期”或者人类活动影响显著前的实测水文气象资料率定水文模型,并认为这些水文参数可以很好地反映在无人类活动条件下的流域水文循环情况。然后将人类活动影响期间的气象条件输入到已率定好参数的“自然时期”或者人类活动影响显著前的水文模型中,计算人类活动显著影响时期的天然径流量。本次研究将流域“天然时期”的实测径流作为基准值,并认为人类活动影响时期的实测径流量与基准值的差值是由气候变化引起的。本研究采用温家川水文站径流观测值与模拟值计算气候变化和人类活动对径流的影响,是因为温家川站为窟野河入黄的控制站。采用以下公式计算:

$$\Delta W_{T} = W_{HR} - W_{B} \tag{3-9}$$

$$\Delta W_{H} = W_{HR} - W_{HN} \tag{3-10}$$

$$\Delta W_{C} = W_{HN} - W_{B} \tag{3-11}$$

式中:ΔW_{T}为径流变化总量;ΔW_{H}为人类活动对径流的影响量;ΔW_{C}为气候变化对径流

的影响量；W_B 为天然时期的径流量；W_{HR} 为人类活动影响时期的观测径流量；W_{HN} 为人类活动影响时期还原的天然径流量。

计算流程见图 3-1。计算结果见表 3-7 和图 3-10。

表 3-7　气候变化和人类活动对窟野河流域径流影响计算结果　（单位:mm）

时期	W_B	W_{HR}	W_{HN}	ΔW_T	气候变化		人类活动	
					ΔW_c	%	ΔW_H	%
1966～1978 年	84.78							
1979～1996 年		60.48	72.18	24.3	12.6	51.85	11.7	48.15
1997～2009 年		22.76	68.12	62.02	16.66	26.86	45.36	73.14

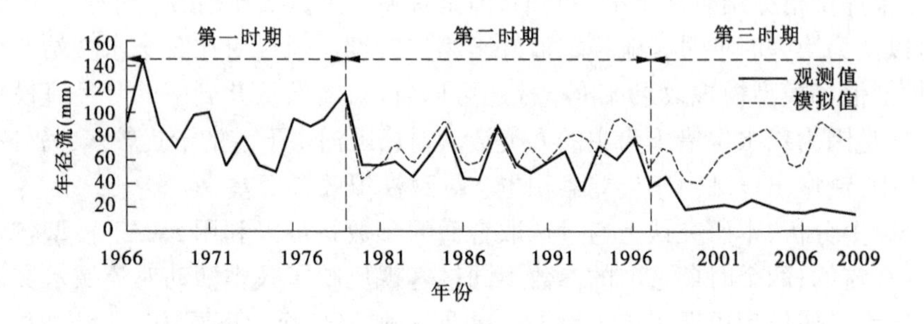

图 3-10　窟野河温家川站 1966～2009 年年径流观测值与模拟还原值

图 3-10 显示了整个模拟期温家川站年径流观测值和模拟还原的自然时期径流值，这两个值的差值是人类活动对径流的影响量。第二、三时期的年平均径流模拟值分别为 72.18 mm 和 68.12 mm（见表 3-7）。第二时期气候变化和人类活动对径流的减少贡献量分别为 12.6 mm 和 11.7 mm，占总减水量的 51.85%、48.15%。同样，第三时期气候变化和人类活动对径流的减少贡献量分别为 16.66 mm 和 45.36 mm，占总减水量的 26.86%、73.14%。从图 3-10 中可以看出，在第二时期的初期人类活动增加了径流量，其原因是因为植树造林刚刚开始，树林涵养水源的作用还没有开始发挥作用，地下水用于浇灌树林后直接流入河道。20 世纪 90 年代初期，树木及草已经成熟、大规模修筑淤地坝及一云渠、二云渠等灌溉引水工程投入使用也加剧了河道水量的减少。第二时期人类活动对径流的影响主要是大规模的水土保持措施及人类生产、生活用水，该时期的气候变化对径流的锐减占主要地位。很显然第三时期人类活动对径流锐减的贡献占主要地位，这是因为植树造林等水保措施涵养水源的功能开始发挥，同时煤矿开采导致大量的地表水流入地下进而通过地裂缝大量的蒸发。

3.6　煤矿开采对窟野河地表水影响定量研究

参照 3.5 节分离气候变化和人类活动对径流影响的思路，本次研究将人类活动对径流的影响划分为直接人类活动影响和间接人类活动影响两部分。将窟野河流域的第二、三时期分别设定为“间接人类活动对径流影响为主”和“直接人类活动对径流影响为主”两个时期。直接影响来自于煤矿开采、农业灌溉、地下水回灌、水利工程等人类活动；间接影响包括农业耕作、城市化、水土保持措施等人类活动。间接影响与气候变化划定为一个组分，而直接影响作为另一个组分，假设这两个组分是互相独立的。这样的假设与划分理由有两个：一是水流路径不同。间接影响及气候变化的水资源首先通过植被层再进入水文循环圈，而直接影响的水资源是直接从河道或是地下水中提取出来的，最终通过蒸发进入水文循环圈。二是直接影响的水资源在一定时间内会暂时离开水文循环圈，比如煤矿开采的排水会首先经过处理再用于洗煤、道路绿化、除尘等。对于窟野河流域人类活动对径流的直接影响主要包括煤矿开采用水和人类生产生活用水两类。根据以上的分析结果，将式(3-9)、式(3-10)的 W_{HR} 项改写成 $W_{C+HD+HID}$ 或 W_{C+HID}，进而推导出式(3-12) ~ 式(3-15)：

$$\Delta W_{T} = W_{C+HD+HID} - W_{C+HID} \tag{3-12}$$

$$\Delta W_{C+HID} = W_{CN+HIDN} - W_{C+HID} \tag{3-13}$$

$$\Delta W_{HD} = W_{C+HD+HID} - W_{CN+HIDN} \tag{3-14}$$

$$\Delta W_{UM} = \Delta W_{HD} - \Delta W_{DI} \tag{3-15}$$

式中：ΔW_{HD} 为人类活动对径流的直接影响量；ΔW_{UM} 为煤矿开采对径流的影响量；ΔW_{DI} 为人类生产生活用水量；ΔW_{C+HID} 为气候变化对径流的影响量和间接人类活动对径流的影响量；$W_{C+HD+HID}$ 为人类活动影响时期的观测径流量；W_{C+HID} 为人类活动间接影响时期观测径流量；$W_{CN+HIDN}$ 为直接人类活动影响时期模拟的径流量，该径流模拟值是通过将间接人类活动为主影响时期的参数代入直接人类活动影响为主时期的水文模型中模拟出的。

根据图 3-1 的流程，将第三时期(1997 ~ 2009 年)的气候数据、土地利用图代入为第二时期(1979 ~ 1996 年)建立的 SWAT 模型进行窟野河月径流的模拟。利用数理统计方法[式(3-14)和式(3-15)]分离煤矿开采对地表径流的影响。由于窟野河流域人类活动直接影响主要包括煤矿开采和生产、生活用水两部分，因此本书引用吴喜军统计出的第三时期人类生产、生活用水量的研究成果，从人类活动直接影响径流量的计算结果中扣除人类生产、生活用水量，进而得到煤矿开采对窟野河径流的影响量的结果，结果见图 3-11、表 3-8。

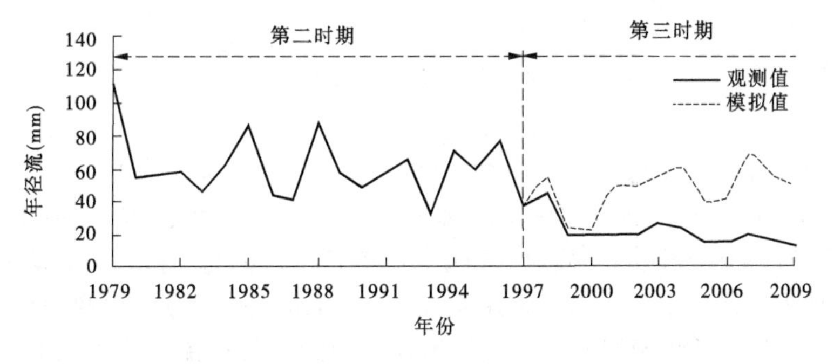

图 3-11　窟野河温家川站 1979 ~ 2009 年年径流观测值与模拟还原值

表 3-8 煤矿开采对窟野河流域径流的影响 (单位:mm)

时期	W_{C+HID}	$W_{C+HD+HID}$	$W_{CN+HIDN}$	ΔW_T	ΔW_{HD}	ΔW_{DI}	ΔW_{UM}	%
1979 ~ 1996 年	60.48							
1997 ~ 2009 年		22.76	46.96	37.72	24.2	3.05	21.15	56.07

1997 ~ 2009 年窟野河径流年平均减水量为 37.72 mm,其中人类活动直接影响导致年径流平均减少 24.20 mm,这其中生产生活用水量为 3.05 mm,因此煤矿开采导致径流减少 21.15 mm,占总减水量的 56.07%。该模拟计算值与吴喜军只利用 SWAT 模型模拟计算出的煤矿开采对径流减少的贡献量的结果是一致的。由此可见,煤矿开采是导致窟野河径流锐减的主要原因之一。这与前文定性推断出的 1979 ~ 2009 年大规模的水土保持措施和煤矿开采等一系列的人类活动是窟野河径流减少的主要原因是一致的。

为了计算吨煤开采对径流的影响,本研究将窟野河流域煤矿开采区分成府谷、神木、准格尔旗、伊金霍洛旗 4 个主要的采煤区域,统计出 1978 ~ 2009 年的煤矿产量见图 3-12。由图 3-12 可以看出,窟野河流域煤矿大规模开采发生在 1996 年前后,这与第 2 章利用联合 Mann - Kendall 和 Pettitt 变异店检验方法计算出窟野河径流的突变点的结果也是一致的。1997 ~ 2009 年窟野河年均煤矿开采量约为 6 896.93 万 t,吨煤导致径流减水量约为 2.6 m^3。

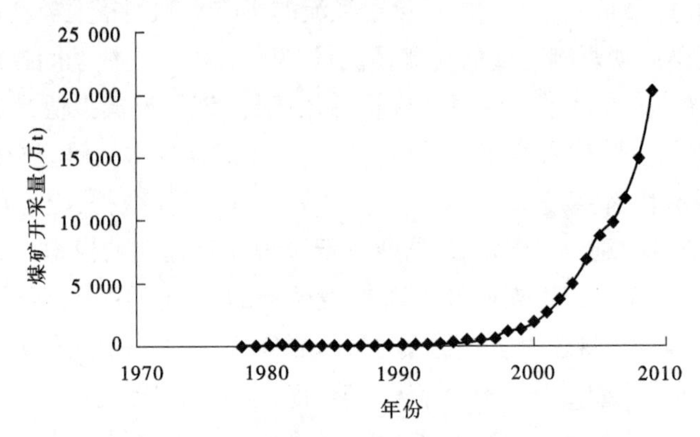

图 3-12 窟野河流域 1978 ~ 2009 年煤炭产量

3.7 小 结

本章将数理统计方法与 SWAT 模型相结合计算出窟野河流域内气候变化及人类活动(煤矿开采)对径流的影响,并根据基于水文模型分离气候变化和人类活动对径流影响的思路,将人类活动对径流的影响划分为直接人类活动影响与间接人类活动影响两类,建立从各种其他人类活动中分离出煤矿开采对径流影响的公式。研究结果表明:

(1)分布式水文模型 SWAT 可以较好地模拟窟野河月径流。从采用的 N_{SE}、R^2、RE、$P-factor$、$R-factor$ 等评价指标的结果可以看出,窟野河第一、二时期的月径流模拟结果较好,两个时期选取的参数不同也客观反映了人类活动对流域产汇流的影响。对比这两个时期的指标及月径流过程图，可以认定第一时期窟野河月径流模拟效果优于第二时期。通过对比第二时期 3 个水文站率定期和验证期的月径流模拟值和模拟效果评价指标还可以看出，流域从北到南的月径流模拟效果越来越差，这是因为以水土保持措施为主的人类活动对窟野河中下游的影响较多。

（2）利用基于水文模型分离气候变化和人类活动的方法，计算出窟野河流域第二时期气候变化和人类活动对年径流的减少贡献量分别为 12.6 mm 和 11.7 mm，占总减水量的 51.85%、48.15%。第三时期气候变化和人类活动对年径流的减少贡献量分别为 16.66 mm 和 45.36 mm，占总减水量的 26.86%、73.14%。第二时期人类活动对径流的影响主要是水土保持措施及人类生产生活用水，该时期的气候变化对径流锐减的影响占主要地位。很显然第三时期人类活动对径流锐减的贡献量占主要地位，这是因为植树造林等水土保持措施涵养水源的功能开始发挥，同时煤矿开采导致大量的地表水渗入地下，成为含水层的补给源。

（3）利用基于水文模型分离煤矿开采对径流影响的方法可以较好地应用于窟野河流域，计算出窟野河流域内煤矿开采导致第三时期的年径流减少 21.15 mm，占总减水量的 56.07%，吨煤影响径流量为 2.6 m^3。煤矿开采是窟野河第三时期径流锐减的主要原因之一。

总体来说，利用水文模型工具量化具体的某一类人类活动对径流影响是今后水文模型发展运用的一个重要的方向。本次研究也证明了通过与数理统计方法相结合可以进一步分离出一些特定的人类活动对径流的影响。

第 4 章　基于“三带”理论的水文模型研究煤矿开采对地下水的影响

本章根据窟野河流域煤矿开采对地下水水文循环影响原理和煤矿开采的“三带”理论,建立了流域 SWAT - VISUAL MODFLOW 耦合模型。创造性地提出将“三带”理论的经验公式作为煤矿开采情景下的地下水定水头边界进而模拟流域有、无煤矿开采两种情景下的地下水位和流场,计算了 2009 年煤矿开采破坏的窟野河流域地下水水量。

4.1　研究思路

本章具体研究思路是首先建立 2009 年窟野河流域的 VISUAL MODFLOW 地下水模型,其次构建该流域 1997 ~ 2009 年的分布式水文模型 SWAT,在 ArcGIS 平台上将 SWAT 模型模拟出的 2009 年月地下水补给量(GW - RCHG)和潜水蒸发量(REVAP)的空间分布及对应的计算值输入 VISUAL MODFLOW 地下水模型中作为地下水的边界条件,最终建立起 SWAT - VISUAL MODFLOW 耦合模型。然后,设置两种情景,即有煤矿开采和无煤矿开采。对于有煤矿开采情景,利用“三带”理论的经验公式计算煤矿开采条件下的地下水水头边界。利用本次研究收集到的地下水井的观测水位进行模型参数的率定,进而模拟出有煤矿开采情景的窟野河流域地下水位与流场。无煤矿开采情景的设置如下:将煤矿开采区的水文地质参数还原为初始值,其他区域的参数使用有煤矿开采情景,同时去除煤矿开采情景的地下水水头边界,模拟出无煤矿开采情景的流域地下水位与流场。根据有、无煤矿开采情景下的流域水平衡结果计算出煤矿开采对地下水水量的影响。计算流程详见图 4-1。

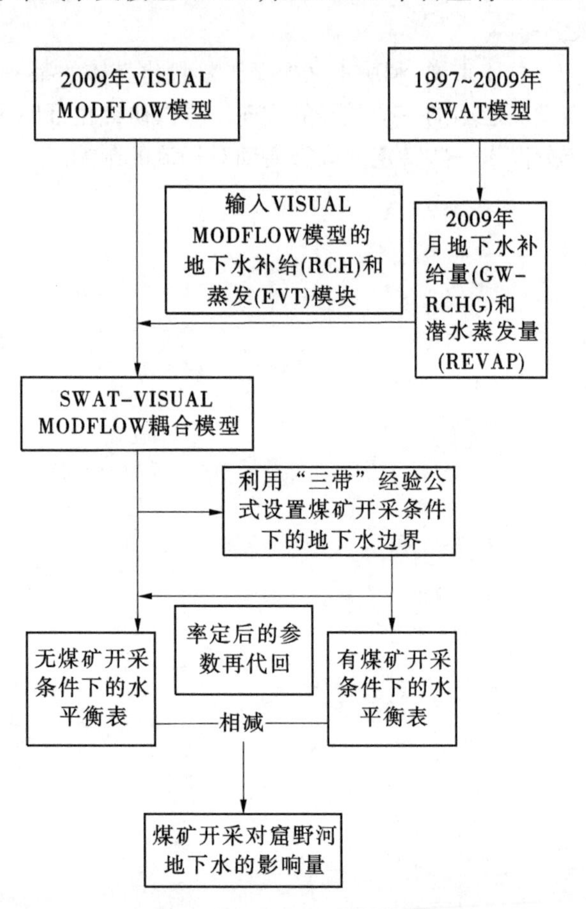

图 4-1　窟野河煤矿开采对地下水影响量的计算流程

4.2 神府-东胜矿区水文地质概况

4.2.1 水文地质概况

4.2.1.1 地层

神府-东胜矿区的地层从老到新发育包括上三叠统永坪组(T_{3y})、侏罗系下统富县组(J_{1f})、侏罗系中统延安组(J_{2y})、侏罗系中统直罗组(J_{2z})、侏罗系中统安定组(J_{2a})、白垩系下统洛河组(K_{1l})、第三系上新统三趾马组(N_2)、第四系下更新统三门组(Q_{1s})、第四系中更新离石组(Q_{2l})、第四系上更新统马兰组(Q_{3m})、第四系上更新统萨拉乌苏组(Q_{3s})、第四系全新统(Q_4)。与可采煤层相关的地层为侏罗系中统延安组(J_{2y}),与地下水相关的地层为第四系上更新统萨拉乌苏组(Q_{3s})。现就这两层地层描述如下。

1. 侏罗系中统延安组(J_{2y})

延安组在地质学中一共划分为五段。是神府-东胜煤田重要的含煤地层,为一套以碎屑岩、泥岩为主夹煤层的浅湖相沉积。其岩性主要为浅绿灰色、黄褐色细—中粗粒长石砂岩、长石杂砂岩、泥质粉砂岩及粉砂质泥岩,局部有少量叠锥灰岩与菱铁矿层或透镜体,厚度150~280 m,分布于府谷、神木、榆林的广大地区,与上覆直罗组为平行不整合接触。

2. 第四系上更新统萨拉乌苏组(Q_{3s})

该组分布于沙漠滩地区及黄土梁岗区,为一套河湖相的沙泥质沉积,横向上岩性特征较为一致。上部为沙层夹互泥质沙层,发育板状交错层理、波状层理、平行层理及泄水构造;中部为沙层夹泥质沙层,发育板状交错层理、波状层理、变形层理、含螺及脊椎动物化石;底部为冲积沙层夹冲积砾石透镜体。厚度为0~145 m,广泛分布于榆林、神木西北部,与上覆毛乌素组为平行不整合接触。

4.2.1.2 地质构造

神府-东胜煤田的地质构造单元属于华北地台的次级构造单元,鄂尔多斯地台向斜的一部分在中生代是鄂尔多斯拗陷盆地的大发展时期,岩相、厚度在这一时期相当的稳定。矿区在侏罗纪末与白垩纪末期燕山运动中,形成了宽缓的向斜,到了早白垩世晚期,矿区整体抬升遭到剥蚀,至中新世被剥蚀夷平,缺失古新统和始新统。到了上新世地质构造稳定,广泛堆积了三趾马红土。至上新世晚期,矿区又发生了整体抬升,加大了该区域地面的斜度。第四系以来,矿区伴随着鄂尔多斯盆地差异性和节奏性的上升而全面抬升。整个第四系以间歇抬升为主,总抬升量达80~100 m,抬升的速率随时间推移而增加,目前仍处在抬升之中。

由于矿区处于构造稳定的鄂尔多斯盆地内部,历次构造运动对矿区的地质构造影响很小,主要表现为垂直运动。区内深断裂不多,构造运动比较缓和,地质构造简单,地层平缓,为向西倾斜,倾角1°~3°的单斜构造。影响整个矿区的大断层并不发育,但就矿区内各个井田来看,仍然存在着一些值得关注的断层构造。

4.2.2 水文地质特征

神府-东胜矿区地下水类型可分为第四系松散岩类孔隙水、烧变岩裂隙孔洞水、侏罗系和白垩系碎屑岩类孔隙裂隙水三大类。影响矿区开发的地下水主要是第四系上更新统萨拉乌苏组含水层和烧变岩含水层。

4.2.2.1　萨拉乌苏组含水层水文地质特征

萨拉乌苏组含水层主要分布于神木北部矿区（大柳塔、哈拉沟、石圪台煤田）、榆神矿区（锦界、大保当、榆树湾煤田），面积约为4 177 km^2，其中神府矿区为336.58 km^2。含水层的岩性以粉砂、细砂、中砂及粉砂质黏土为主，其厚度受沉积时古地形控制，一般在古沟槽及低洼中心沉积最厚；向西侧逐渐变薄，而至分水岭处尖灭。大气降水是最主要的补给来源，根据有关资料统计显示，入渗系数可达0.4～0.5。地下水排泄至窟野河。在矿区内，一般较大的河谷中均有大泉出露，有的自萨拉乌苏组含水层中流出，有的渗流补给烧变岩后再从烧变岩流出，地表与地下分水岭一致，各具有独立补、径、排条件，为一完整的水文地质单元。地下水水质为HCO_3—Ca型，矿化度一般为0.2～0.3 g/L。

矿区内含水层多呈互不连续小范围的分布，矿区北部石圪台一带最厚，可达65 m，一般厚度达5～20 m，渗透系数一般为5～8 m/d，最大可达17 m/d，单井涌水量一般为500～1 000 m^3/d。哈拉沟泉域萨拉乌素组含水层最厚可达55 m，含水层厚度10～30 m，是神东矿区的主要供水水源地之一。

4.2.2.2　烧变岩含水层水文地质特征

烧变岩含水层主要分布于乌兰木伦河西岸，沿煤层露头走向呈条带状分布，沿煤层倾斜方向一般延伸可达1～2 km，最深延伸达12 km。烧变岩含水层为富水性强的含水层，渗透系数一般大于100 m/d，最大可达1 631.13 m/d，其与煤系地层上覆的第四系萨拉乌苏组含水层水力联系密切，地下水补给来源主要是接受萨拉乌苏组含水层补给。烧变岩含水层水质为HCO_3—Ca型水，矿化度一般$<$0.3 g/L。

4.2.3　地下水补给、径流和排泄条件

地下水的补给、径流和排泄与气象、水文地形地貌及地层岩性、构造密切相关。研究区内地下水主要以萨拉乌苏组为主的第四系松散岩类孔隙水、烧变岩裂隙孔洞水和侏罗系、白垩系碎屑岩类孔隙裂隙水为主。区内松散堆积层的地下水主要补给来源有大气降水、窟野河的侧向补给、灌溉回归水的补给。大气降水是区内不同地貌单元地下水的最主要的补给来源。雨季补给量多而枯季补给量少。影响降雨入渗补给的主要因素有地形、岩性、潜水埋深及降雨持续时间等。

地下水径流与排泄主要受地形地貌和岩性的控制。浅部潜水主要受地形控制，流向与地形坡向一致，具多向性；深部潜水主要受区域地貌控制，总的是由西北流向东南。地下水主要以泉和渗流排泄于沟谷和窟野河中。

大气降水是碎屑岩裂隙水的主要补给来源，降水一部分以泉或渗水方式向窟野河排泄，一部分补给深部承压水。当碎屑岩与第四系松散岩类接触时，碎屑岩裂隙水则直接转化为第四系孔隙水。

4.2.4　地下水资源量

根据《神府－东胜地区环境地质与水资源综合评价报告》计算评价：区内地下水资源

储量一般，盖沙丘陵区可开采量为 6 883.78 万 m^3/年，黄土丘陵区可开采量为 606.63 万 m^3/年，石质丘陵区可开采量为 119.04 万 m^3/年。

4.3　窟野河流域 VISUAL MODFLOW 模型

4.3.1　VISUAL MODFLOW 简介

MODFLOW 是 1988 年美国地质调查局(USGS)开发出来用于孔隙介质中地下水流动和地下水中污染物迁移等特性的数值模拟软件，是基于达西定律和地下水质量平衡的具有物理意义的三维地下水模拟模型，使用有限差分方法，采用模块化的程序结构。MODFLOW包括一个主程序和若干个相对独立的子程序包，每个子程序中有不同的模块，通过每个模块都可以完成数值模拟的一部分。例如：河流子程序模块用来模拟河流与含水层之间的水力联系。目前，MODFLOW 的版本基本上都包括了地下水流模拟的 MODFLOW模块、粒子跟踪模拟的 MODPATH 模块、溶质迁移模拟的 MT3D 模块以及模型参数率定的 PEST 模块。每个主模块下又包含相应的子模块。

VISUAL MODFLOW 是由加拿大 Waterloo 水文地质公司在 MODFLOW 的基础上，综合 MODPATH、MT3D、RT3D 和 WinPEST 等地下水模型软件开发研制出的带有可视化功能的地下水模拟软件。VISUAL MODFLOW 以其简单实用的求解方法、广泛的适用范围及强大的可视化功能等特点，成为目前国际上应用最广泛的三维地下水流和溶质运移模拟评价的标准可视化专业软件系统。

4.3.1.1　**模型结构**

VISUAL MODFLOW 模型采用模块化的程序结构。其中，模拟地下水流的 VISUAL MODFLOW 模块包括抽水井 WEL、定水头边界 CHD、水位边界 GHB、河流 RIV、不透水边界 HFB、排水边界 DRN、补给 RCH、蒸发 EVT 等子模块。在进行模型的有限差分网格的设置和划分后，输入模型计算的渗透系数、给水度、储水率等参数，应用模型的子模块，设置相应的边界条件和初始条件，进行地下水流的模拟计算。在地下水流模拟计算的基础上，可以应用模型的 PEST 模块，对模型的参数(渗透系数、储水率、给水度)进行率定。

4.3.1.2　**模型计算**

VISUAL MODFLOW 是三维有限差分地下水模型，根据研究区域的水文地质情况进行含水层的划分和差分网格的设置。差分网格是 VISUAL MODFLOW 进行地下水流计算模拟的基本单元格(见图 4-2)。

VISUAL MODFLOW 中描述含水层地下水流运动的控制方程为水量平衡方程和达西定律(Darcy's Law)，其微分方程为

$$\frac{\partial}{\partial x}\left(K_x \frac{\partial h}{\partial x}\right) + \frac{\partial}{\partial y}\left(K_y \frac{\partial h}{\partial y}\right) + \frac{\partial}{\partial z}\left(K_z \frac{\partial h}{\partial z}\right) + W = S_S \frac{\partial h}{\partial t} \tag{4-1}$$

式中：K 为地下含水层的渗透系数；K_x、K_y、K_z 分别为 x、y 和 z 方向上的渗透系数；h 为时间 t 时的地下水水头；S_S为储水率；W 为源、汇项，即单位体积排出和流入的水量。

地下水流方程的求解采用有限差分方法。

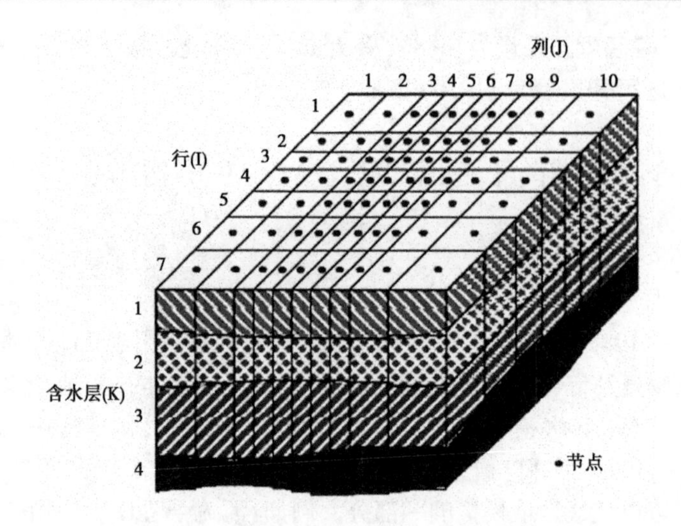

图 4-2　VISUAL MODFLOW 地下含水层及差分网格划分示意图

4.3.2　概念模型

矿区地下水含水层由松散岩类孔隙水、烧变岩裂隙孔洞水、侏罗系和白垩系碎屑岩类孔隙裂隙水含水层组成。其中松散岩类孔隙水、烧变岩裂隙孔洞水含水层之间大部分地区的隔水层都是部分存在的，在整个流域的地下水系统中可以将这两个含水层视为含水介质、透水性不同的统一含水体。裂隙孔洞含水层和第四系松散岩类孔隙水有水力联系，大气降水和地表水通过孔隙水补给裂隙岩溶含水层。四个含水层裂隙发育及富水程度极不均匀，渗透特征沿各个方向变化较大，因此含水层可以概化为非匀质各向异性的承压－无压三维流，其水流运动遵循达西定律。

4.3.3　模拟范围及含水层结构划分

窟野河流域位于一个相对较完整的地下水系统内。地下水模拟的范围在平面上覆盖整个区域，为 8 706 km^2。在垂向上，考虑到含水层厚度与煤炭埋藏深度，模拟的垂向范围自潜水面起，下至 750 ~ 1 580 m 的深度。

根据含水层及煤炭分布情况，将模拟区内地层结构划分成四层，由上至下分别对应实际地层中的萨拉乌苏组含水层、烧变岩含水层、侏罗系和白垩系含水层。第一层为萨拉乌苏组含水层，自潜水面至 30 m；第二层为烧变岩含水层，自 30 m 至 150 m；第三、四层为侏罗系和白垩系含水层，自 150 m 至 750 ~ 1 580 m。含水层结构划分示意图见图 4-3。

4.3.4　边界条件

窟野河流域的地下水边界条件可概化为两类：径流补给边界和零流量边界。

（1）径流补给边界：流域南部边界，流域外含水层与流域内含水层存在流量交换。

（2）零流量边界：除流域南部外其他地方均是地表水分水岭，可作为流域的隔水边界。边界条件示意图见图 4-4。

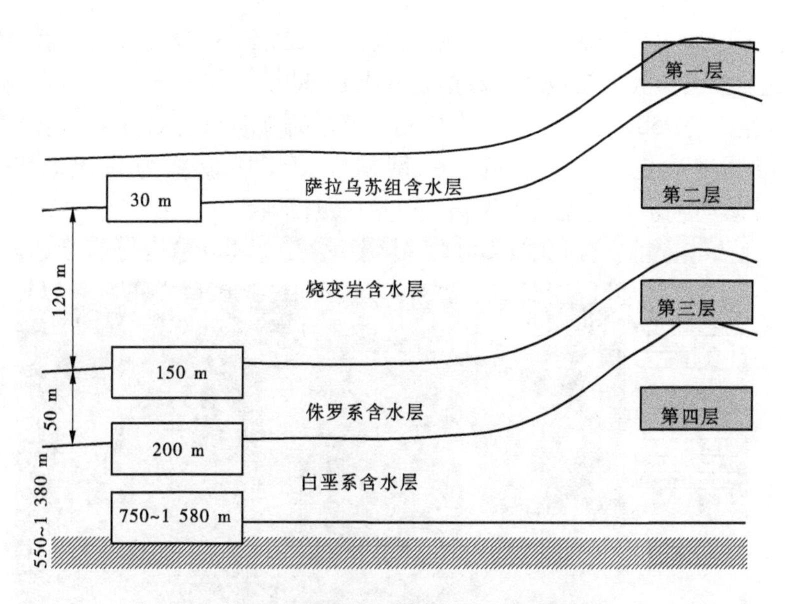

图4-3　窟野河地下含水层结构划分示意图

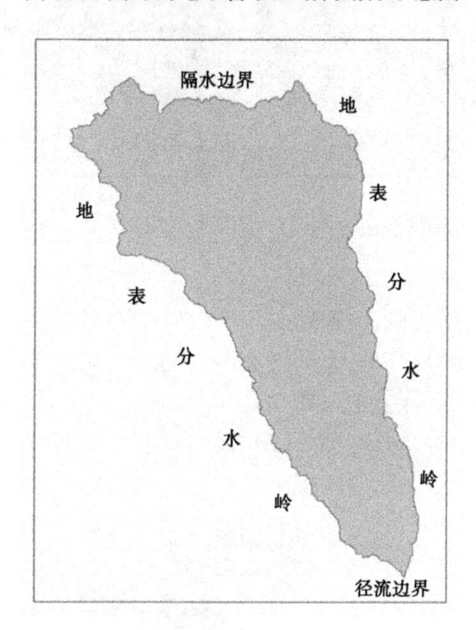

图4-4　窟野河地下水边界条件示意图

4.3.5　VISUAL MODFLOW 地下水模型

本研究根据窟野河水文地质条件和地下水概念模型,建立窟野河2009年的VISUAL MODFLOW地下水模型。

4.3.5.1　有限单元格划分

VISUAL MODFLOW中采用有限差分网格的方法划分流域的含水层。根据窟野河流域地下水概念模型,首先在VISUAL MODFLOW中进行网格划分。本次研究将窟野河流域的地下含水层从上至下划分为四层，每层划分了 164 行 ×116 列，每个单元格的大小根据收集到的含水层参数以及地裂缝数据划分成 1 000 m ×1 000 m 的正方形网格。垂直方向模拟的总距离为 750 ~ 1 580 m，每个单元格模拟的垂向长度则根据每个单元格所在含水层的分层厚度确定。其他非流域的网格在模型中设置为非活动状态，VISUAL MODFLOW 中窟野河流域含水层的网格划分情况见图 4-5。

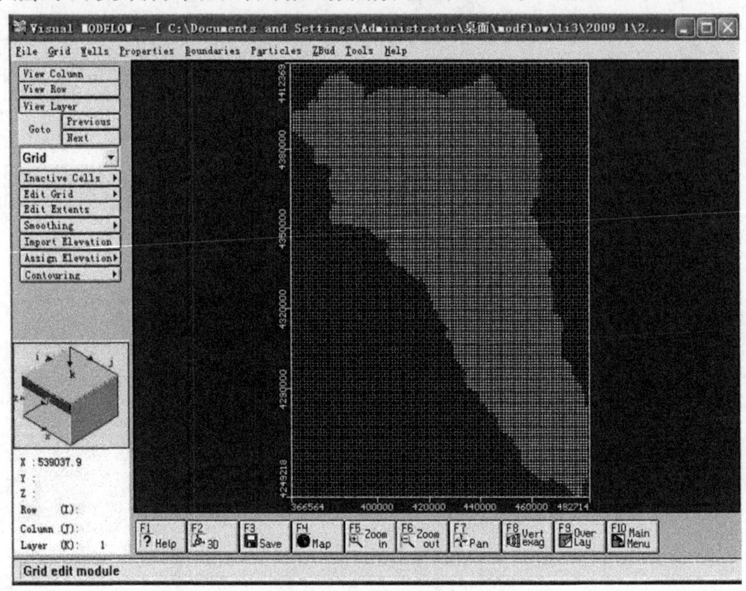

图 4-5　窟野河流域 VISUAL MODFLOW 地下含水层网格划分

4.3.5.2　地下含水层结构

根据窟野河流域的地下水概念模型，本研究在 VISUAL MODFLOW 中进行了含水层结构划分。将窟野河流域的地下水含水层划分为四层，它们依次是：①潜水面至 30 m；②30 ~ 150 m；③150 ~ 200 m；④200 m 至 750 ~ 1 580 m。含水层结构示意图见图 4-6，含水层横向（第 9 行）和纵向（第 37 列）剖面图分别见图 4-7、图 4-8。

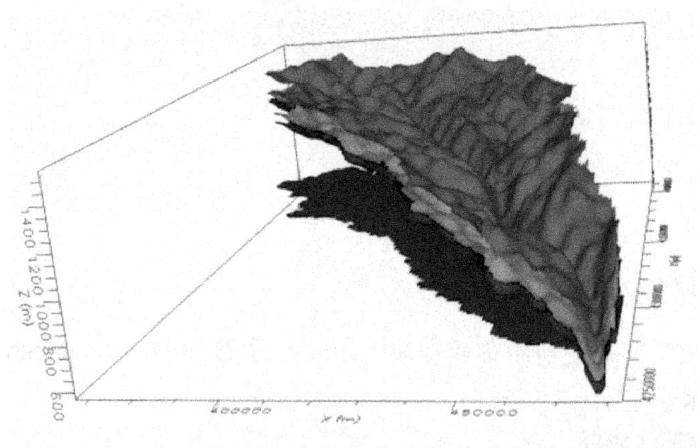

图 4-6　窟野河流域 VISUAL MODFLOW 含水层结构示意图

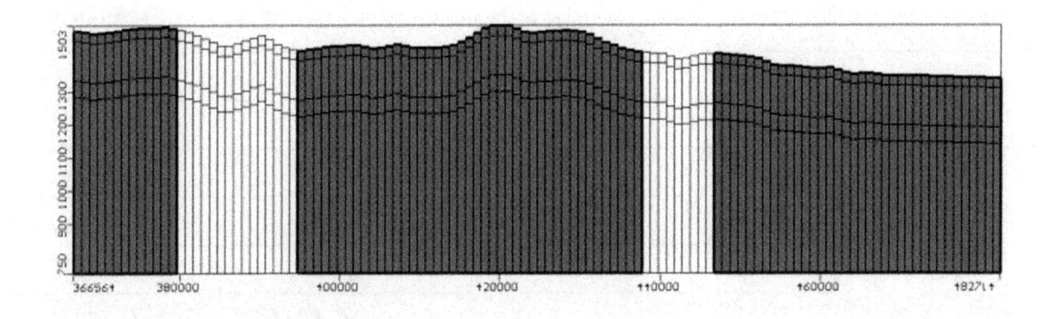

图 4-7　窟野河流域 VISUAL MODFLOW 地下含水层横向剖面图(第 9 行)

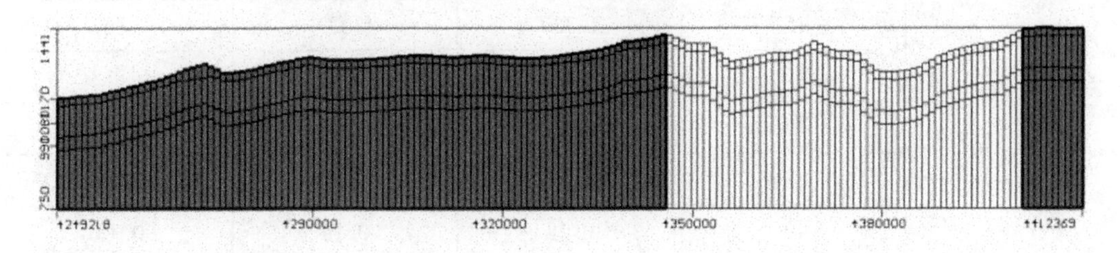

图 4-8　窟野河流域 VISUAL MODFLOW 地下含水层纵向剖面图(第 37 列)

4.3.5.3　含水层参数

本研究采用《陕西省乌兰木伦河河谷区地下水允许开采量评价》报告中 3 个方向的渗透系数、储水率、给水度的分区和参数识别成果，其中四个含水层的 x 方向、y 方向的渗透系数一样，见表 4-1 ~ 表 4-4，有效孔隙度根据地区的含水层的土壤特性和岩性确定。VISUAL MODFLOW 中含水层渗透系数分布见图 4-9 ~ 图 4-11。由图 4-9 ~ 图 4-11 可以看出，第一、二含水层渗透系数变化趋势由上游到下游历经增大、减少、增大、减少和增大；第三、四含水层的渗透系数变化趋势由上游到下游历经减小、增大。

表 4-1　窟野河流域第一层含水层渗透系数

层	分区	主轴方向渗透系数(m/d)		
	编号	K_x	K_y	K_z
第一层	1	0.315	0.315	0.315
	2	6	6	6.507
	3	2.625	2.625	2.625
	4	3.904	3.904	3.904
	5	0.129	0.129	0.129
	6	5.203	5.203	5.203
	7	1.381	1.381	4.165
	8	6	6	1.318
	9	0.24	0.24	0.24

续表 4-1

层	分区	主轴方向渗透系数(m/d)		
	编号	K_x	K_y	K_z
第一层	10	6	6	1.674
	11	0.069 5	0.069 5	0.069 5
	12	0.069 5	0.069 5	0.069 5
	13	6.42	6.42	6.42
	14	0.044 8	0.044 8	0.044 8
	15	1.337	1.337	1.337
	16	6.883	6.883	6.883
	17	3.31	3.31	3.31
	18	8.89	8.89	8.89
	19	0.18	0.18	0.18
	20	0.274	0.274	0.274
	21	0.315	0.315	0.315
	22	0.589	0.589	0.589
	23	0.023	0.023	0.023
	24	0.022	0.022	0.022
	25	0.5	0.5	0.5
	26	0.5	0.5	0.5

表 4-2　窟野河流域第二层含水层渗透系数

层	分区	主轴方向渗透系数(m/d)		
	编号	K_x	K_y	K_z
第二层	27	0.315	0.315	0.315
	28	0.091	0.091	0.091
	29	2.625	2.625	2.625
	30	3.904	3.904	3.904
	31	0.129	0.129	0.129
	32	3.203	3.203	3.203
	33	1.381	1.381	4.165
	34	6	6	1.318
	35	0.24	0.24	0.24

续表 4-2

层	分区	主轴方向渗透系数(m/d)		
	编号	K_x	K_y	K_z
第二层	36	6	6	1.674
	37	0.014 6	0.014 6	0.014 6
	38	0.004 82	0.004 82	0.004 82
	39	0.066	0.066	0.066
	40	0.111	0.111	0.111
	41	0.091	0.091	0.091
	42	0.091	0.091	0.091
	43	1.3	1.3	1.3
	44	1.3	1.3	1.3
	45	0.45	0.45	0.45
	46	0.000 918	0.000 918	0.000 918
	47	0.000 918	0.000 918	0.000 918

表 4-3 窟野河流域第三、四层含水层渗透系数

层	分区	主轴方向渗透系数(m/d)		
	编号	K_x	K_y	K_z
第三、四层	48	0.001 17	0.001 17	0.001 17
	49	0.09	0.09	0.09
	50	0.044	0.044	0.044
	51	0.001 28	0.001 28	0.001 28
	52	0.3	0.3	0.3
	53	0.3	0.3	0.3
	54	0.023	0.023	0.023
	55	0.023	0.023	0.023
	56	0.09	0.09	0.09
	57	0.09	0.09	0.09

表 4-4 窟野河流域地下水给水度(储水率)和孔隙度

储水率 S_s	给水度 S_y	有效孔隙度 P_e	总孔隙度 P_t
0.2	0.15	0.15	0.3

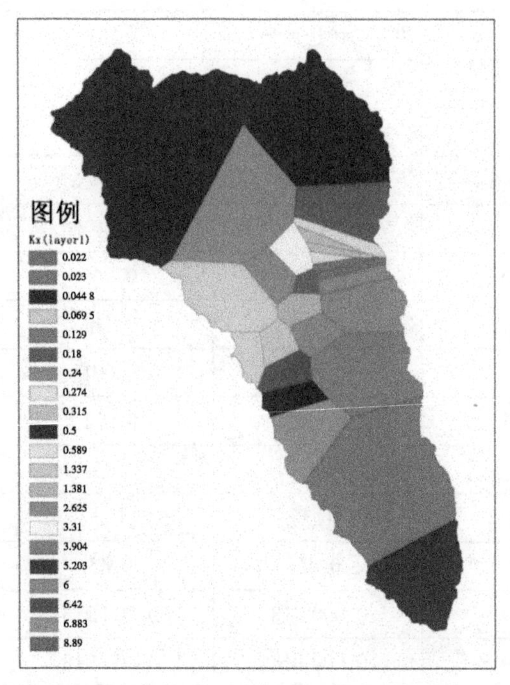

(a)x方向

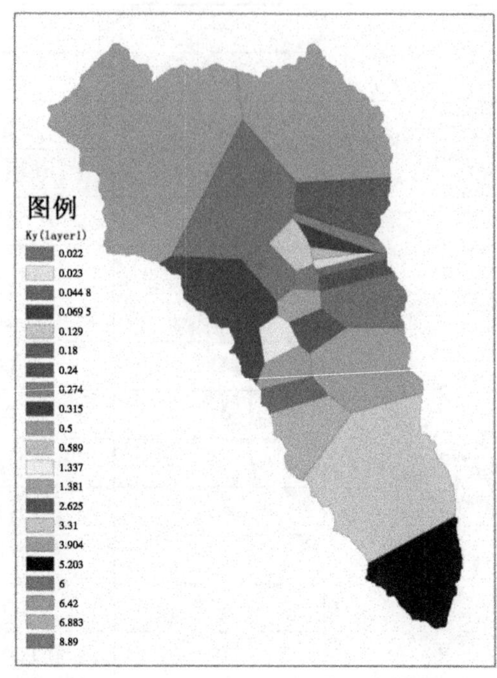

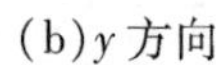

(b)y方向

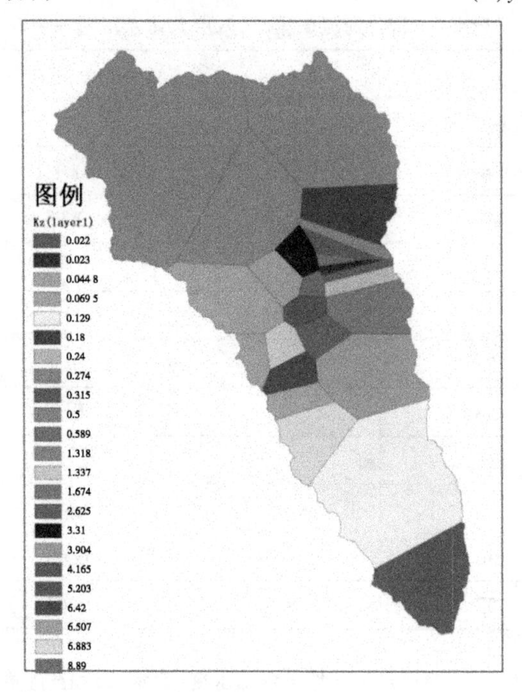

(c)z方向

图 4-9　窟野河地下水第一含水层渗透系数分布

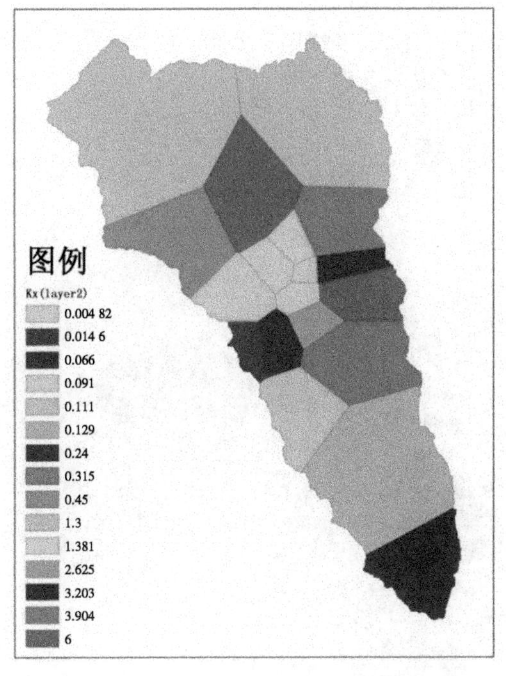

(a)x方向

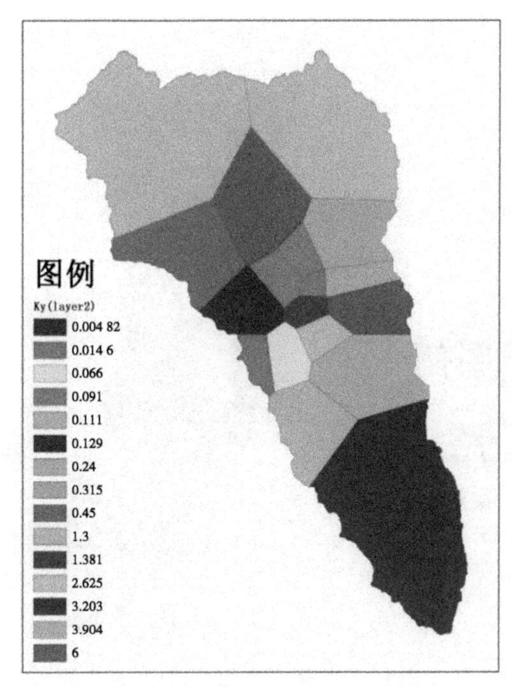

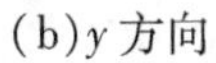
(b)y方向

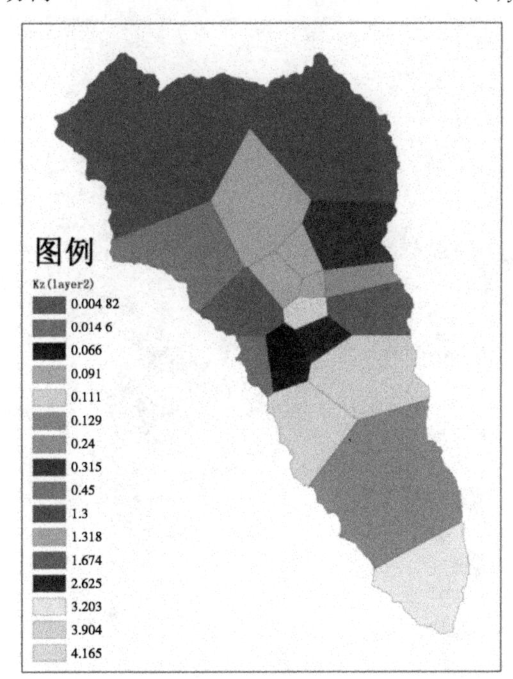

(c)z方向

图4-10　窟野河地下水第二含水层渗透系数分布

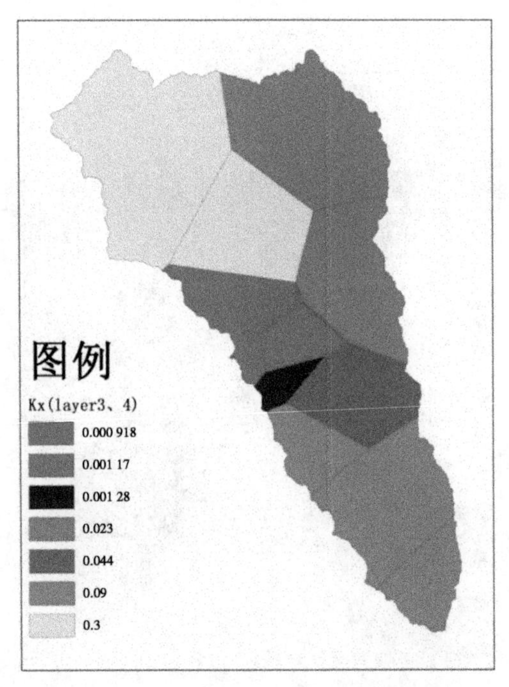

(a)x 方向

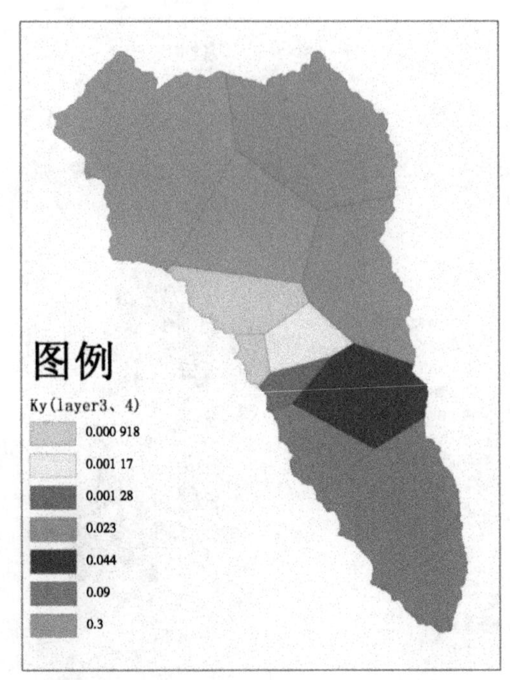

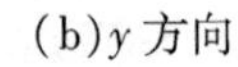

(b)y 方向

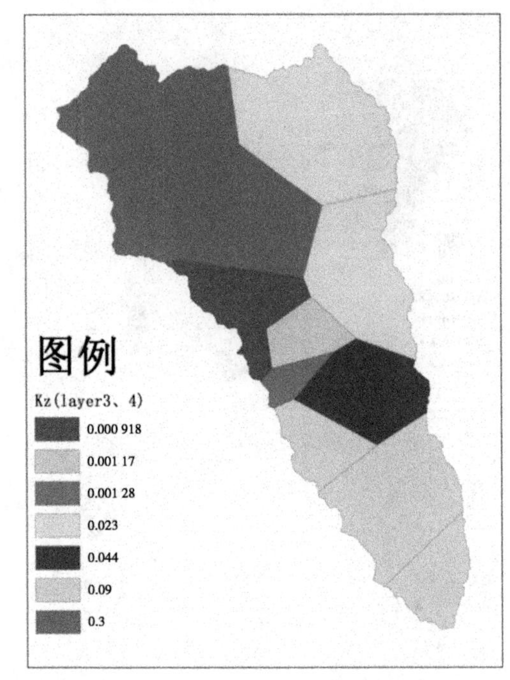

(c)z 方向

图 4-11　窟野河地下水第三、四含水层渗透系数分布

4.3.5.4　地下水水流边界

根据窟野河流域地下含水层的边界条件，在VISUAL MODFLOW中将这些边界条件一共概化为5种地下水流边界，即

（1）定水头边界（CHD）：流域内矿区冒裂带影响深度，仅分布在第四含水层；

（2）一般水头边界（GHB）：流域的南部边界，分布在流域内的所有含水层；

（3）河流（RIV）：穿过区域的乌兰木伦河、㹀牛川两条窟野河的支流及窟野河干流，仅分布在流域内的第一含水层；

（4）地下水补给（RCH）：仅分布在流域内的第一含水层；

（5）地下水蒸发（EVT）：仅分布在流域内的第一含水层。

含水层的边界条件见图4-12～图4-14。

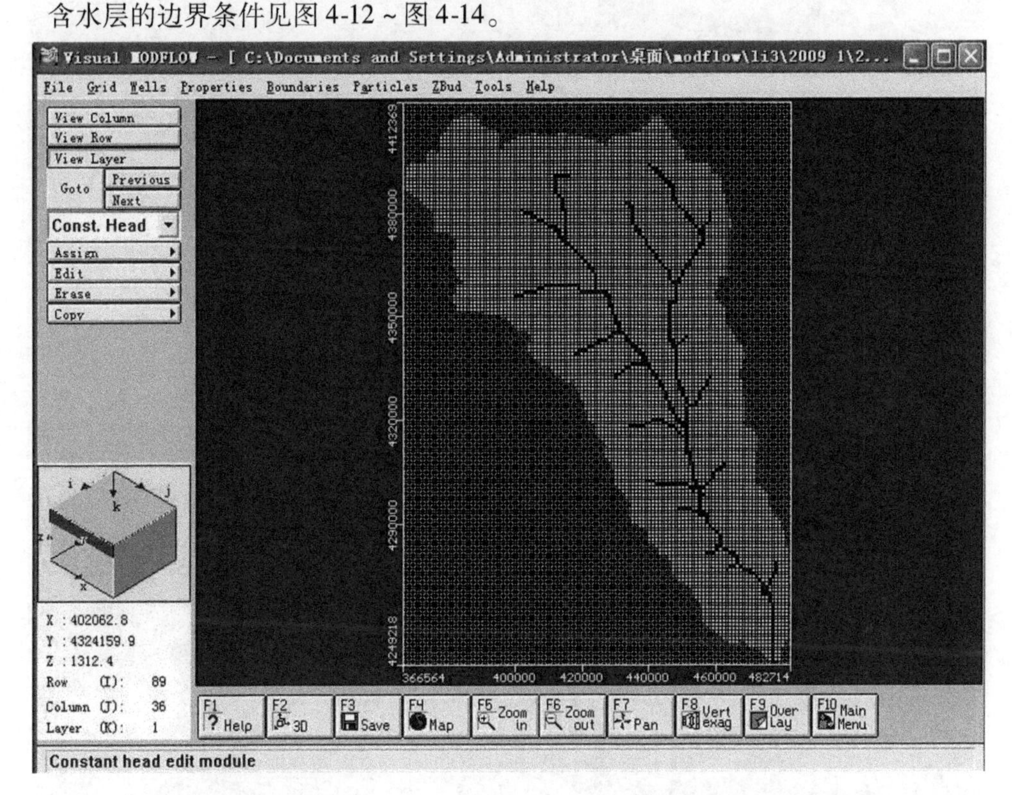

图4-12　窟野河流域VISUAL MODFLOW第一含水层水流边界条件

对于地下水补给量和蒸发量，将SWAT模拟出的2009年流域的地下水补给量和蒸发量代入VISUAL MODFLOW模型。由于SWAT模型输出的这两种数据是以HRU为基本单元的，所以首先需要利用ArcGIS平台将这两种数据转化为VISUAL MODFLOW模型使用的有限差分网格数据形式，再输入到地下水模型中。

4.3.5.5　地下水井

本次研究收集到2眼地下水观测井（朱盖塔、孙家岔）2009年1～12月的月水位观测资料，见图4-15。模型中选取这两眼地下水观测井的实测数据进行地下水参数率定，这两眼观测井都分布在第一含水层，模型中采用的观测井的位置见图4-16。

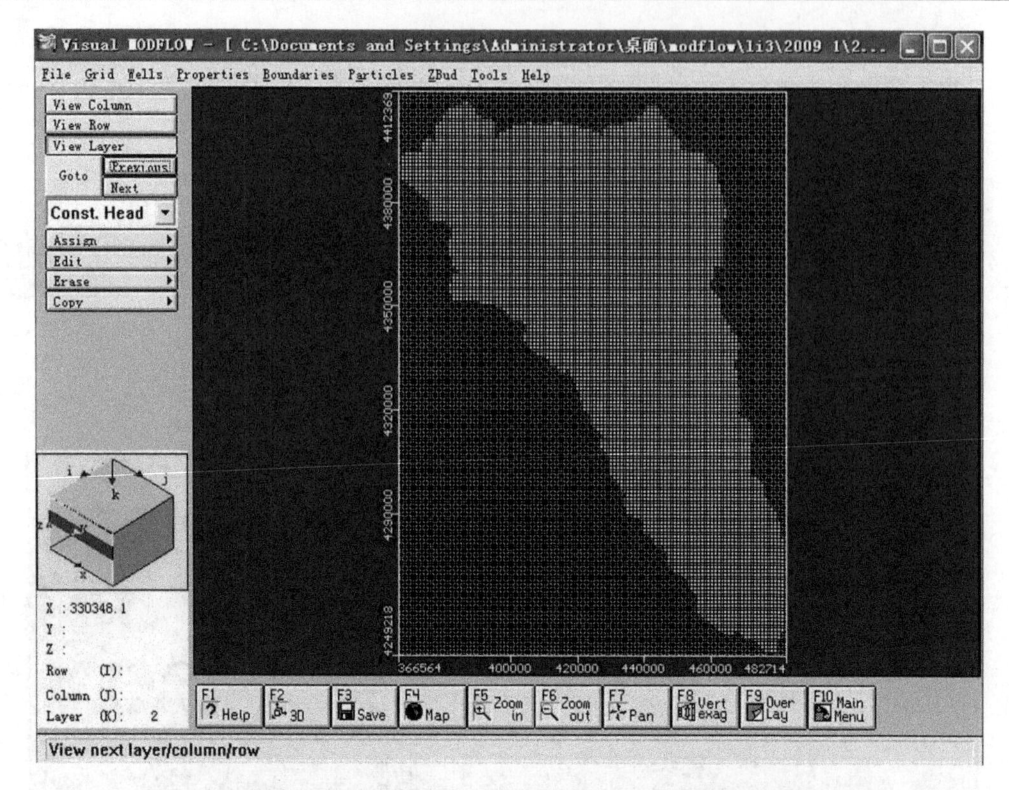

图 4-13　窟野河流域 VISUAL MODFLOW 第二、三含水层水流边界条件

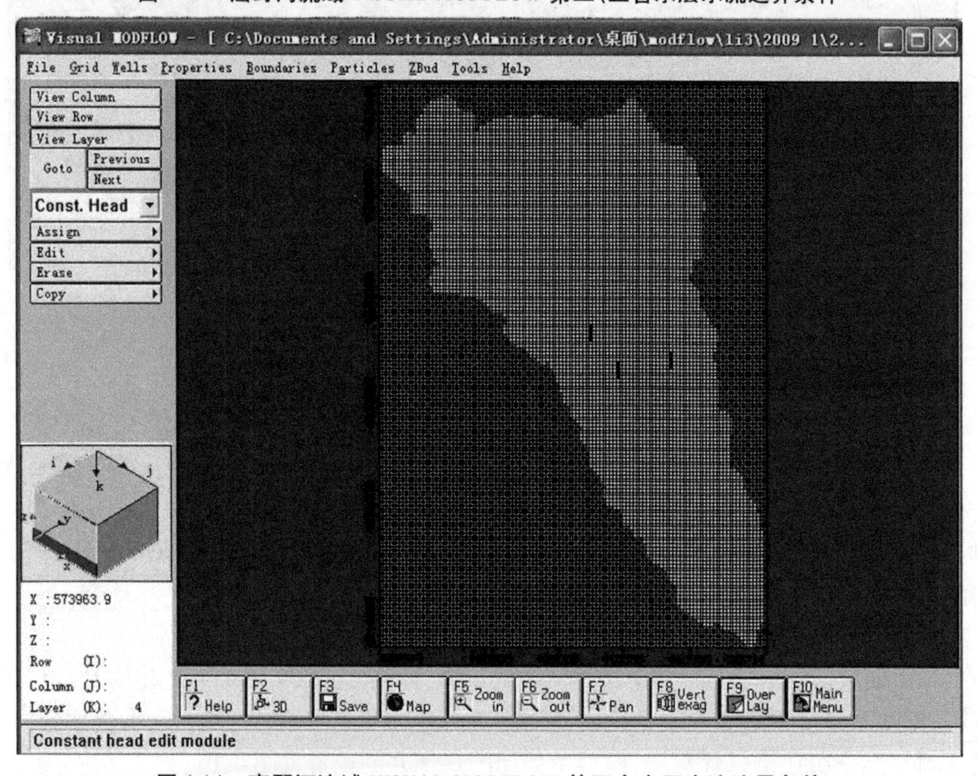

图 4-14　窟野河流域 VISUAL MODFLOW 第四含水层水流边界条件

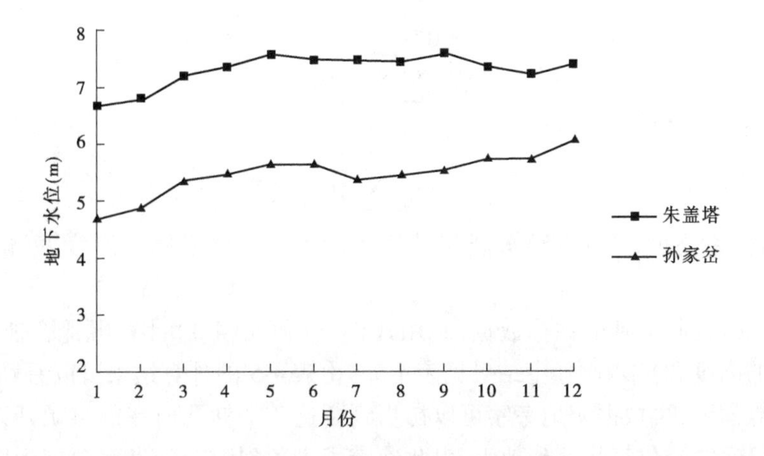

图4-15 2009年地下水位观测值

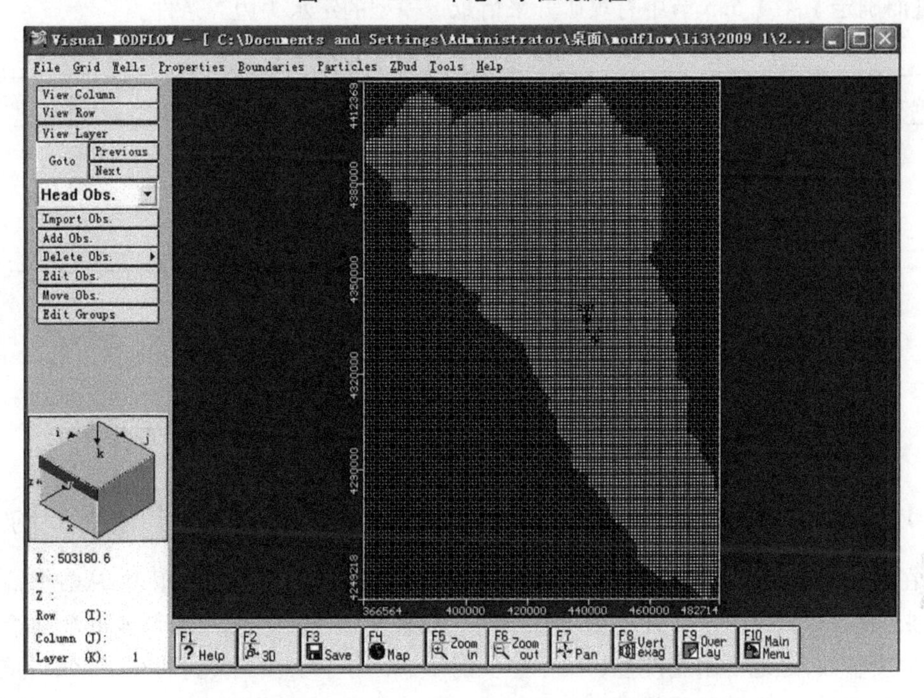

图4-16 窟野河VISUAL MODFLOW地下水观测井分布

从这两个地下水井2009年的月水位数据可以看出,1~4月地下水位缓慢上升,5~7月地下水位呈下降趋势,8~12月朱盖塔呈现先上升后下降再上升的趋势,而孙家岔呈现缓慢上升的趋势。两眼观测井的地下水位整体呈缓慢上升过程。

4.3.5.6 初始条件

设定流域具有统一的初始地下水头,为30 m。有煤矿开采情景下,地下水模型的定水头边界的初始值根据我国煤矿部门总结的矿区开采后的冒裂带高度计算经验公式计算得出:

冒落带:

$$H_1 = \frac{100\sum M}{4.7\sum M + 19} + 2.2 \tag{4-2}$$

导水裂隙带：

$$H_\eta = 20\sqrt{\sum M} + 10 \tag{4-3}$$

式中：H_1为冒落带高度；H_η 为导水裂隙带高度；M 为煤层采厚或厚度，一般为采空区高度。

根据本次研究收集到的钻孔数据，利用式(4-2)和式(4-3)计算出冒裂带（冒落带与导水裂隙带的高度和）影响高度，结果见表4-5。由表4-5的计算结果可以看到，冒裂带高度均大于见煤深度，再根据实地考察可以初步判断这3个钻孔所在的煤矿开采区造成的导水裂隙带已经穿透包气带达到地表，由此确定了3条裂隙带的发育深度为冒裂带的高度，进而确定了4.3.5.5节中有煤矿开采情景下模型的定水头边界条件。

表4-5　煤矿开采区冒裂带计算结果

孔号	见煤深度(m)	冒落带(m)	裂隙带(m)	冒裂带(m)
832	59.69	17.73	99.98	117.71
S4	32.16	14.54	69.06	83.60
S31	63.20	11.55	53.82	65.37

4.4　SWAT – VISUAL MODFLOW 量化煤矿开采对地下水影响应用

4.4.1　SWAT – VISUAL MODFLOW 耦合模型计算煤矿开采对地下水影响的方法

在地下水模型的模拟计算中，影响地下水动态模拟效果的因素有很多，从数据输入的角度来说，主要有地下水的补给量、潜水蒸发量、水文地质参数。尤其是地下水补给量和水文地质参数，是地下水流模拟的两个主要的敏感因子，对地下水流动态变化影响较大。对于煤矿开采区，煤矿开采前后对水文地质的影响非常大，其煤矿开采后形成的采空区会导致地表出现裂缝及“天坑”，不仅会改变该采矿区的水文地质条件，还会造成地下水的补给量和潜水蒸发量的改变。地下水补给量和蒸发量与流域的降雨、气温、风速、土壤类型、土地利用情况密切相关。通常，采空区的土壤类型和土地利用情况与煤矿开采前具有非常不同的特点，因而地下水的补给量和蒸发量与煤矿开采前也存在差别。但是在地下水模型的模拟中，由于受到资料等条件的限制，很难对煤矿开采前后地下水补给量和蒸发量进行准确估算和赋值。

为了得到精确的煤矿开采区地下水补给量及潜水蒸发量，本研究采用地表水模型与地下水模型耦合的方法更准确地模拟地下水的动态变化，进而计算得出煤矿开采对地下水的影响量。在地表水与地下水模型的耦合计算中，半松散耦合方法是最常用的方法之一。该方法是将地表水模型模拟的地下水渗漏和补给量引入到地下水模型中，或以地下水数值模型取代分布式水文模型的地下水模块，借助公共参数的传输和反馈进行耦合。半松散耦合方法在国内外已经得到了广泛应用，如已有的 SWATMOD、HSPF - MODFLOW、GSFLOW 等模型均采用了半松散耦合方法。但是，使用耦合模型计算煤矿开采对地下水影响方面的研究却很少，本研究针对这个现状，引入了煤矿开采中的“三带”理论，使耦合模型可以应用于中、大尺度的流域内计算煤矿开采对地下水的影响量。

根据研究区域窟野河地下水水源地的实际情况和地下水计算的要求，在构建流域 VISUAL MODFLOW 地下水模型的基础上，应用 SWAT 模型对流域第三时期的径流进行模拟，其模拟结果采用半松散的模型耦合方法，将 SWAT 模型与 VISUAL MODFLOW 进行耦合，对流域地下水流进行模拟计算，进而得出煤矿开采对地下水的影响量。

本研究选用张雪刚等的 SWAT 与 VISUAL MODFLOW 耦合方法应用于窟野河流域，在设置有、无煤矿开采两种情景的基础上研究煤矿开采对流域地下水水量的影响。该方法的理论简述如下：

SWAT 模型是具有物理基础的分布式水文模型，借助当今比较成熟的地理信息系统(GIS)和遥感(RS)技术，可以较准确地获得窟野河流域的地形、土壤、土地利用等下垫面分布情况的数据，再利用 ArcGIS 软件将这些数据转化为模型要求的数据格式。在水文模拟中，将流域的地形、土壤性质、植被覆盖、土地利用以及气候情况作为模型输入项，在子流域划分的基础上，根据子流域内下垫面的一致性划分不同的水文响应单元(HRU)，在每个水文响应单元中独立计算水文循环的各个部分及其定量转化关系，得到相应的计算结果。模型模拟中考虑了区域下垫面分布不均及气候变化的影响，各个水文响应单元的模拟计算结果反映了降雨、土壤、植被和土地利用空间分布的水文效应。同时，SWAT 模型的 HRU 模拟了地下水的补给量、潜水蒸发量等地下水流循环的各个部分的计算结果。

在 SWAT 模型中，HRU 是相互独立且互不影响的模型最基本的计算单元，而且反映了流域内土壤类型和土地利用相互作用下对水文循环的影响情况，是模型分布式模拟计算水文循环中各个水文要素的基础。与之不同的是，VISUAL MODFLOW 的基本计算单元是有限差分网格(cell)，其反映了含水层、导水率等水文地质情况。这两种基本计算单元都属于栅格类型，以此为基础就可以利用 ArcGIS 平台构建 SWAT 与 VISUAL MODFLOW 的交互界面。图4-17 中上部分是 SWAT 模型一个子流域中 HRU 的空间分布，对每个 HRU，SWAT 可以模拟得到 VISUAL MODFLOW 模型要素的边界条件。下面部分则是 VISUAL MODFLOW 中有限差分网格(cell)的情况，网格中的数字分别对应 SWAT 中 HRU 的编号。通过这种对应，可以将 SWAT 计算的地下水补给量(GW - RCHG)和潜水蒸发量(REVAP)的空间分布通过 ArcGIS 平台确定 VISUAL MODFLOW 中的相应要素的边界条件，从而实现 SWAT 与 VISUAL MODFLOW 的单向耦合，耦合情况见图4-17。

SWAT - VISUAL MODFLOW 耦合模型模拟流域地下水时，首先构建流域的 SWAT 模型，输入模拟区域的地形(DEM)、土壤类型、土地利用、子流域的坡度空间数据后进行子流域和水文响应单元的划分。然后载入模型模拟流域径流所需要的降雨、蒸发、辐射、风速等气象资料，进行流域地表水文循环模拟，得出每个子流域中的地下水补给、潜水蒸发等模拟水文要素的计算结果。然后根据流域的水文地质条件，建立 VISUAL MODFLOW

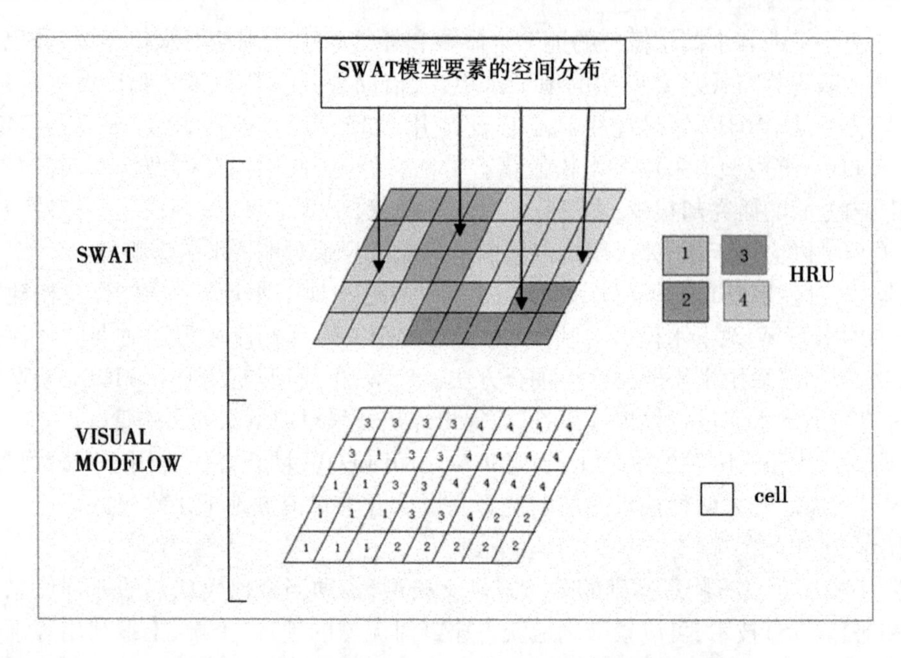

图4-17 SWAT模型与VISUAL MODFLOW耦合示意图

地下水模型。在建立地下水模型时,首先根据流域的地下水概念模型划分流域的有限差分网格,进行地下含水层的划分;其次输入流域各个含水层的渗透系数、释水系数、孔隙度等参数,利用VISUAL MODFLOW边界条件中的子模块,设置模型水位和流量边界条件。在设置模型定水头边界时,引入煤矿开采的"三带"理论经验公式计算有煤矿开采情景下的地下水定水头边界,具体计算结果见表4-5。在进行地下水补给(RCH)和蒸发(EVT)子模块设置时,利用第一步SWAT模型模拟计算的流域水文响应单元的地下水补给量(GW-RCHG)和潜水蒸发量(REVAP)的结果,应用ArcGIS软件,将其空间分布及对应的计算值输入VISUAL MODFLOW中,进行流域地下水流的模拟计算,得出地下水位、流场模拟结果。SWAT-VISUAL MODFLOW耦合计算的流程见图4-18。

4.4.2 SWAT与VISUAL MODFLOW耦合模型的数据处理

利用前文介绍的SWAT模型构建方法建立窟野河流域1997~2009年的SWAT模型。由于该时期煤矿开采对径流有重要的影响,因此本书选取了与径流有较密切关系的28个水文参数,除前文介绍的13个水文参数外,另外15个参数的含义如下:

(1)生物混合效率(BIOMIX)。生物混合是土壤中生物活动(如蚯蚓等)导致土壤中的要素重新分配的作用,而煤矿开采引起的地裂缝加剧了采空区上覆土壤的扰动作用。

(2)平均坡长(SLSUBBSN)。指每一个HRU的平均坡长,该值也反映了地裂缝的发育情况。

(3)曼宁坡面漫流n值(OV_N)。指地表水流的曼宁值,反映了地表裂缝的糙率。

(4)土壤蒸发补偿因子(EPCO)。指某一天中作物消耗的水量,是作物蒸发总量E_t和土壤可用水量S_W的函数,取值范围在0.01~1.00,当该参数为1.00时表示模型允许底层土壤满足用水需求。

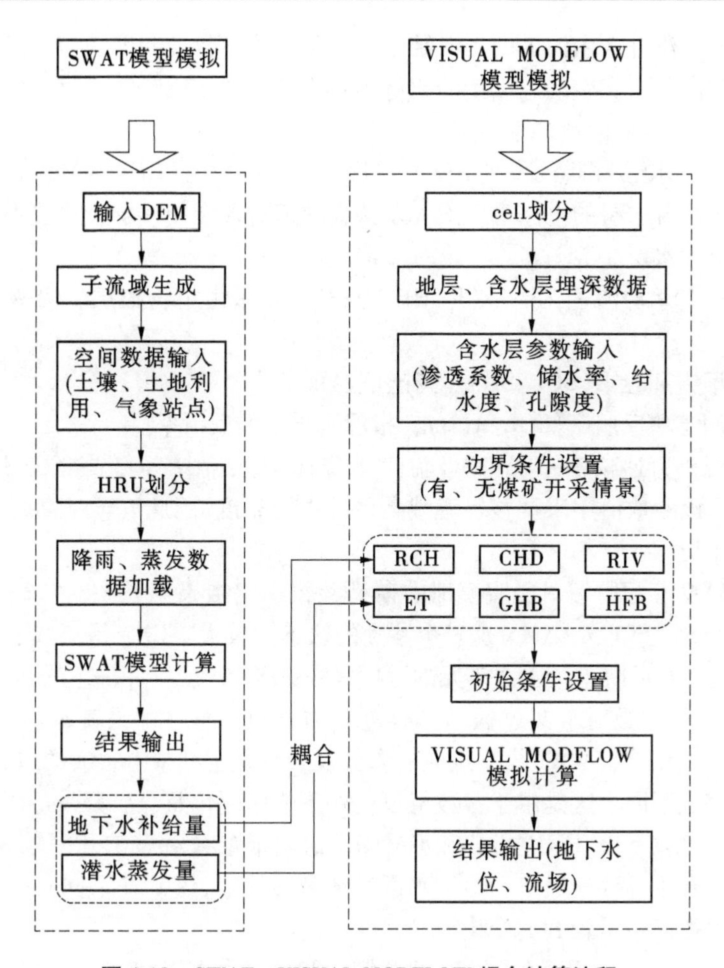

图4-18　SWAT - VISUAL MODFLOW 耦合计算流程

(5)降雪温度(SFTMP)。是降水转变为雪/冻雨的平均气温,取值范围为 -5 ~5 ℃。

(6)融雪基温(SMTMP)。雪只有在达到融雪基础温度时才融化,取值范围为 -5 ~5 ℃。

(7)6月21日的融雪因子(SMFMX)。如果流域位于北半球,SMFMX 就是最大融雪因子;如果流域位于南半球,SMFMX 就是最小融雪因子。SMFMX 允许融雪速率在一年内变化,该变量根据雪堆的密度影响融雪速率。

(8)12月21日的融雪因子(SMFMN)。如果流域位于北半球,SMFMN 就是最小融雪因子;如果流域位于南半球,SMFMN 就是最大融雪因子。SMFMN 也允许融雪速率在一年内变化,该变量根据雪堆的密度影响融雪速率。

(9)积雪温度滞后因子(TIMP)。前一天雪堆的温度对当下雪堆温度的影响由该因子控制。该积雪温度滞后因子是雪堆密度、深度、暴露度和其他影响因子共同作用下的参数。该参数的变化范围为0.01 ~1.0。当其值为1时,当前的平均气温对雪堆温度的影响就会变大,且雪堆温度的影响就会变小。当 TIMP 趋向0时,雪堆的温度受前一天温度的影响变小。

(10)地表径流滞后因子(SURLAG)。在大的子流域中,只有部分径流能在产生的当天汇入河道,其余部分汇集后进入河道的时间会超过1 d。SWAT 模型把地表径流储存特征和部分地表径流进入主河道的延滞结合在一起。该参数控制着任何一天允许进入河道的水量占所有由降雨产生的总水量的比例。对于给定的一段时间内,如果该参数值减小,则存储的水减少,进入河道的水增加。

(11)浅层含水层“再蒸发”或渗透到深层含水层的阈值(REVAPMN)。SWAT模型定义了只有在浅层含水层的水深等于或大于该参数值时才会使浅层含水层中的水进入非饱和区域或深层含水层。

(12)深层含水层渗透比因子(RCHRG_DP)。指水由植物根层经渗透补充到深层含水层的比例。

(13)土壤饱和容重(SOL_BD)。指土壤容重。

(14)湿润土壤反照率(SOL_ALB)。指湿润土壤的反射率。

(15)气温垂直递减率(TLAPS)。温度下降速率,正值表示随高程的增加温度增加,负值则相反。该参数值用来调整子流域高程带内的温度,因此气象站高程需要和指定高程带高程相比较。

1997~2009年窟野河月径流模拟的模型参数率定结果见表4-6,从表中可以看出该时期的CN2、HRU_SLP、CANMX这三个参数的敏感性较大。CN2是流域下垫面特性的综合反映,HRU_SLP反映单个水文单元的坡度,CANMX参数表示植被覆盖浓密程度和不同的植被种类,上述参数对水文过程均具有重要的影响。通过对比表3-5与表4-6可以看出,窟野河这3个时期SWAT模型选取的参数及参数率定结果有很大的差异,其敏感性较高的参数也完全不同。这是由于参数可以反映下垫面变化及煤矿开采造成的地裂缝等人类活动。由此可以看出,HRU_SLP和CANMX这两个参数对煤矿开采较为敏感,进而可以判断出煤矿开采导致地表水和地下水通过地裂缝连通,煤矿开采同时造成地表植被覆盖度及植被种类产生了较大的变化。

表4-6　1997~2009年选取的参数及率定结果

参数名称	物理意义	t值	p值	初始范围		最终范围	
				最小值	最大值	最小值	最大值
1:R_BIOMIX.mgt	生物混合效率	-1.56	0.12	-0.5	0.5	0.01	0.01
2:R_CN2.mgt	湿润条件Ⅱ下的初始SCS径流曲线值	10.4	0	-0.5	0.5	0.23	0.23
3:V_CANMX.hru	最大冠层截留量(mmH_2O)	-9.29	0	0	100	56.8	56.95
4:V_SLSUBBSN.hru	平均坡长(m)	1.3	0.2	10	150	150	150
5:V_HRU_SLP.hru	平均坡度(m/m)	10.4	0	0	0.6	0.26	0.26
6:V_OV_N.hru	曼宁坡面漫流n值	-0.32	0.75	0	0.8	0.57	0.57
7:V_ESCO.hru	土壤蒸发补偿因子	0.01	1	0.01	1	0.2	0.2
8:V_EPCO.hru	植物吸收补偿系数	0.39	0.69	0.01	1	0.9	0.9
9:V_SFTMP.bsn	降雪温度(℃)	-0.85	0.39	-5	5	-5	-5
10:V_SMTMP.bsn	融雪基温(℃)	-1.02	0.31	-5	5	0.78	0.79

续表 4-6

参数名称	物理意义	t 值	p 值	初始范围		最终范围	
				最小值	最大值	最小值	最大值
11:V_SMFMX. bsn	6 月 21 日的融雪因子（mmH_2O/℃ - day）	0.16	0.87	0	10	8.68	8.69
12:V_SMFMN. bsn	12 月 21 日的融雪因子（mmH_2O/℃ - day）	0.6	0.55	0	10	0.17	0.17
13:V_TIMP. bsn	积雪温度滞后因子	-0.45	0.65	0.01	1	0.61	0.61
14:V_SURLAG. bsn	地表径流滞后因子	0.03	0.98	1	24	19.26	19.27
15:V_GW_DELAY. gw	地下水滞后时间(d)	0.32	0.75	0	500	326.36	326.58
16:V_ALPHA_BF. gw	基流 alpha 的系数(d)	-0.9	0.37	0	1	0.02	0.02
17:V_GWQMN. gw	浅层含水层产生“基流”的阈值深度(mm)	-0.74	0.46	0	5 000	5 000	5 000
18:V_GW_REVAP. gw	浅层地下水再蒸发因子	-1.13	0.26	0.02	0.2	0.09	0.09
19:V_REVAPMN. gw	浅层含水层“再蒸发”或渗透到深层含水层的阈值(mm)	0.44	0.66	0	500	224.16	224.57
20:V_RCHRG_DP. gw	深层含水层渗透比因子	0.33	0.74	0	1	0	0
21:R_SOL_Z. sol	土壤表层到底层的深度(mm)	-1.47	0.14	-0.5	0.5	0.5	0.5
22:R_SOL_BD. sol	土壤饱和容重(mg/m^3)	0.92	0.36	-0.5	0.5	-0.5	-0.5
23:R_SOL_AWC. sol	土壤层有效水容量[mm(H_2O)/mm(soil)]	-1.28	0.2	-0.5	0.5	0.16	0.16
24:R_SOL_K. sol	土壤饱和水力传导度(mm/hr)	-0.85	0.39	-0.8	0.8	-0.8	-0.8
25:R_SOL_ALB. sol	湿润土壤反照率	1.36	0.17	-0.5	0.5	-0.14	-0.14
26:V_TLAPS. sub	气温垂直递减率(℃/km)	0.68	0.5	0	50	0	0
27:V_CH_K2. rte	主河道河床的有效水力传导度(mm/hr)	-0.4	0.69	0	150	4.43	4.51
28:V_CH_N2. rte	主河道河床的曼宁系数	-0.13	0.9	0	0.3	0.14	0.14

注：1. V_：参数由绝对变化值替代；R_：参数值乘以(1 + 相对变化值)替代；

2. t 的绝对值表示参数敏感性大小：t 绝对值越大，参数越敏感；

3. p 值表示 t 值的显著性大小：p 值越小，参数被偶然指定为敏感参数的机会越小。

由图 4-19 可以看出该时期的月径流模拟值普遍大于观测值,这是因为 1997 年后煤矿开采改变了窟野河流域水文循环模式,即地表水在汇流阶段由水平运动为主转变为水平与纵向运动共存或是以纵向运动为主。其中,2009 年月径流模拟值虽然不太好,也会影响模拟出的水文响应单元的潜水蒸发量(REVAP)和地下水补给量(GW - RCHG)的结果。但是作为 VISUAL MODFLOW 中的地下水补给(RCH)模块和蒸发(EVT)模块的输入值可以达到本次研究的要求,具体计算结果见表 4-7 和表 4-8。而且后续还要对 VISUAL MODFLOW 的窟野河地下水模型进行调参,因此这两个数据的不准确性的影响会比较小。

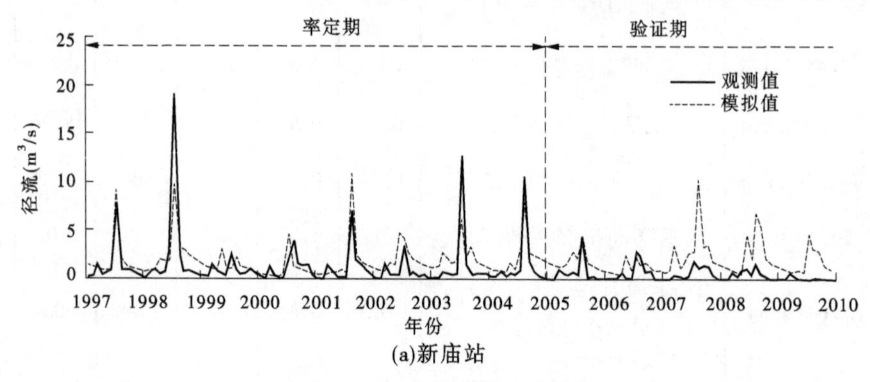

(a)新庙站

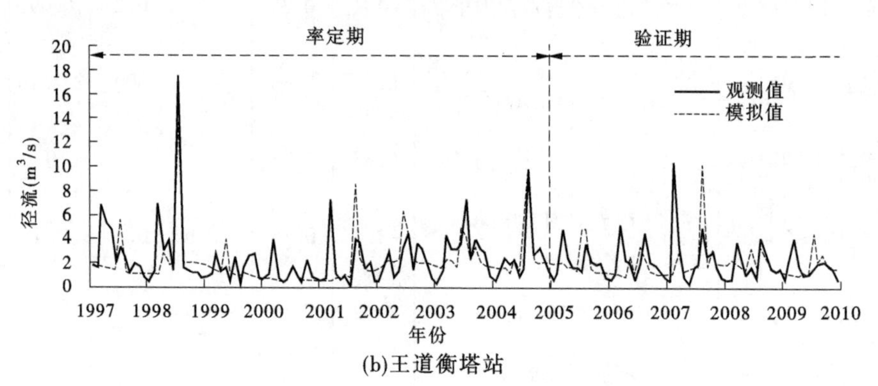

(b)王道衡塔站

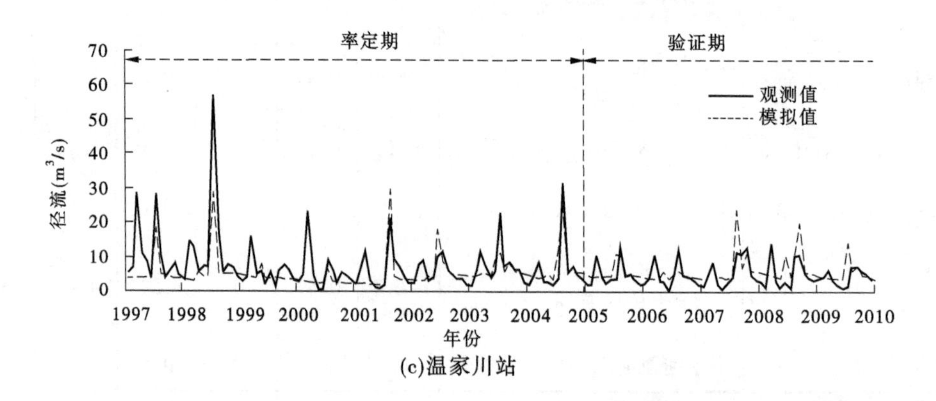

(c)温家川站

图 4-19　第三时期(1997 ~ 2009 年)窟野河月径流模拟结果

表4-7 窟野河2009年月地下水补给量(GW-RCHG)计算结果 (单位:mm)

子流域	1月	2月	3月	4月	5月	6月	7月	8月	9月	10月	11月	12月
1	7.18	5.89	5.93	5.2	4.87	4.27	4.00	3.95	5.54	5.53	4.85	4.54
2	6.21	5.1	5.13	4.5	4.21	3.69	3.98	3.96	6.77	6.95	6.09	5.71
3	3.83	3.15	3.17	2.92	2.86	2.84	5.09	9.15	10.22	10.06	8.91	8.34
4	7.6	6.24	6.28	5.5	5.15	4.52	4.25	5.19	7.61	7.45	6.53	6.12
5	10.12	8.31	8.36	7.33	6.91	6.29	6.41	6.99	8.75	8.59	7.53	7.05
6	16.47	13.52	13.61	11.93	11.17	9.79	11.86	13.87	15.49	14.99	13.15	12.31
7	16.03	13.16	13.25	11.61	11.17	11.14	13.46	12.90	12.66	12.15	10.65	9.97
8	12.18	10	10.06	8.91	8.48	7.83	8.93	11.04	12.94	12.64	11.09	10.38
9	15.43	12.67	12.75	11.18	10.51	9.43	9.75	11.33	13.08	12.68	11.11	10.41
10	9.01	7.4	7.45	6.53	6.16	5.61	6.14	7.63	11.45	11.38	9.98	9.34
11	9.81	8.05	8.11	7.21	6.88	6.42	7.56	12.78	14.72	14.53	12.79	11.98
12	15.44	12.67	12.76	11.18	10.52	9.43	9.75	11.33	13.08	12.68	11.12	10.41
13	8.82	7.24	7.29	6.39	6.05	5.63	7.41	9.06	11.73	11.74	10.3	9.65
14	19.73	16.2	16.30	14.29	13.49	12.31	14.71	17.22	18.83	18.16	15.92	14.91
15	5.91	4.85	4.88	4.28	4.01	3.51	3.48	4.28	7.93	8.05	7.06	6.61
16	11.74	9.64	9.7	8.5	8.06	7.51	9.03	12.84	15.69	15.41	13.51	12.65
17	12.59	10.34	10.41	9.13	8.72	7.97	9.27	9.65	11.69	11.68	10.24	9.59
18	9.51	7.81	7.86	6.89	6.52	6.06	7.7	9.63	12.89	13.06	11.54	10.87
19	6.27	5.15	5.18	4.55	4.26	3.74	3.5	3.41	3.35	3.16	2.83	2.71
20	9.3	7.63	7.68	6.76	6.38	5.89	5.6	6.13	6.37	6.06	5.42	5.1
21	6.74	5.53	5.57	4.88	4.57	4.01	3.75	3.83	4.01	3.75	3.29	3.08
22	18.35	15.07	15.16	13.3	12.7	12.34	15.56	16.94	20.98	21.43	19.11	18.02
23	10.80	8.87	8.93	7.83	7.37	6.68	8.43	8.81	11.57	11.7	10.32	9.68
24	19.21	15.77	16.06	14.17	13.47	12.95	15.36	18.46	22.93	22.99	20.29	19.02
25	10.84	8.9	8.96	7.85	7.37	6.52	7.52	8.83	12.58	12.61	11.06	10.36
26	10.91	8.95	9.01	7.9	7.67	7.3	10.01	16.33	23.52	24.42	21.55	20.21
27	9.13	7.5	7.55	6.62	6.2	5.46	7.8	13.77	20.93	21.74	19.11	17.91
28	7.78	6.38	6.43	5.63	5.28	4.63	4.74	7.83	11.36	11.73	10.28	9.63
29	9.49	7.79	7.84	6.88	6.48	5.86	6.25	7.51	10.52	10.61	9.31	8.71
30	12.23	10.04	10.11	8.86	8.3	7.28	8.76	11.96	19.02	18.88	16.58	15.54
31	23.32	19.15	19.36	17.01	16	14.47	17.08	24.42	30	29.55	26.05	24.45

表 4-8 窟野河 2009 年月潜水蒸发量(REVAP)计算结果 (单位:mm)

子流域	1月	2月	3月	4月	5月	6月	7月	8月	9月	10月	11月	12月
1	7.01	8.4	7.26	5.32	5.32	4.51	4.22	4.17	5.85	5.85	5.13	4.74
2	6.43	6.24	5.42	4.6	4.6	3.9	4.2	4.19	7.15	7.34	6.44	5.49
3	4.04	3.33	3.34	2.99	3.13	3	5.37	9.67	10.69	10.73	9.18	5.81
4	6.87	8.41	8.44	5.78	5.48	4.77	4.49	5.49	8.04	7.87	6.9	5.78
5	6.99	8.1	12.59	15.95	9.4	6.64	6.77	7.39	9.16	9.16	7.57	5.43
6	7.05	8.42	20.04	31.1	28.6	15.11	12.53	14.66	16.34	15.71	10.85	6.57
7	5.15	8.41	19.33	30.36	32.81	11.77	14.22	13.63	13.37	12.83	10.16	6.56
8	7.07	8.06	16.33	25.01	11.65	8.27	9.43	11.67	13.67	13.36	9.83	6.29
9	7.07	8.42	21.17	31.54	23.29	9.96	10.3	11.97	13.82	13.39	10.84	6.59
10	3.54	5.87	15.82	12.34	13.03	8.72	6.49	8.06	11.61	9.78	6.24	3.15
11	6.85	7.64	12.85	14.24	9.93	6.78	7.98	13.5	15.49	12.95	10.44	6.39
12	7.08	8.43	21.18	31.55	23.23	9.96	10.3	11.97	13.82	13.39	10.86	6.6
13	5.95	6.42	13.52	12.48	6.61	5.94	7.83	9.58	12.37	11.96	8.47	5.87
14	3.55	5.87	17	27.64	37.01	33.88	25.67	22.21	17.25	12.4	6.44	3.15
15	3.56	5.88	11.66	4.52	4.24	3.71	3.68	4.53	8.37	8.49	6.18	3.16
16	3.56	5.88	17.47	18.54	22.21	15.31	9.54	13.57	15.44	11.46	6.28	3.17
17	3.57	2.06	16.75	26.52	18.57	17.83	15.6	10.19	12.02	9.5	6.28	3.18
18	3.58	5.9	13.51	15.5	20.01	6.44	8.13	10.18	13.54	10.28	6.41	3.19
19	1.65	3.07	12.6	10.28	7.74	3.95	3.7	3.6	3.54	3.33	2.78	0.74
20	2.18	4.03	14.51	13.74	14.55	12.41	14.17	8.12	6.73	5.80	3.99	1.05
21	2.17	4.03	14.24	10.3	4.83	4.24	3.97	4.05	4.24	3.97	3.48	1.03
22	5.19	3.5	18.23	29.94	39.5	43.26	16.44	17.9	19.92	13.78	7.26	4.02
23	7	4.91	16.12	14.49	12.66	10.26	8.9	9.31	11.99	11.2	8.43	5.56
24	7	4.88	18.91	25.78	29.52	29.09	23.24	18.62	19.95	15.51	9.91	5.66
25	7	4.86	18.08	17.86	8.98	6.88	7.95	9.33	13.29	13.31	9.36	5.66
26	7.01	4.93	16.62	12.51	15.39	12.04	10.58	16.17	20.64	15.90	9.73	5.82
27	7.02	4.94	17.31	9.15	6.55	5.77	8.24	14.55	20.47	15.91	9.74	5.83
28	4.6	3.24	11.47	5.48	5.15	4.51	4.66	7.8	11.25	11.59	8.66	5.09
29	5.5	4.12	11.25	13.29	11.91	6.19	6.61	7.93	11.11	10.71	7.67	5.06
30	5.55	4.3	17.39	24.53	14.74	9.98	9.25	12.64	18.31	15.21	9.72	5.84
31	7.06	5.02	19.95	30.33	41.12	40.21	31.2	23.39	22.49	16.81	9.78	5.87

率定期和验证期分别为1997～2004年和2005～2009年。

从模型模拟效果表4-9可以看出,3个水文站的模拟效果很差,从率定期模拟效果看,模拟效果从上游到下游逐步变差,而验证期的模拟效果则是从上游到下游逐渐变好。总体来说,模拟效果从上游到下游是变差的,其模拟结果的不确定性也非常大。说明在有煤矿开采扰动的情况下单独使用SWAT模型来模拟流域月径流是不可行的。但是,这也恰恰说明了煤矿开采对窟野河月径流模拟有重要的扰动作用,分析其扰动的原因:一是改变了流域的水文循环模式;二是改变了下垫面的坡度及植被覆盖程度。

表4-9　窟野河1997～2009年月径流模拟效果及不确定性

水文站	时期	N_{SE}	R^2	*RE*	*P－factor*	*R－factor*
新庙	率定期	0.61	0.64	31.7%	0.04	0.01
	验证期	－5.72	0.17	269.63%	0.03	0.01
王道衡塔	率定期	0.43	0.47	－12.89%	0.15	0.01
	验证期	－0.3	0.07	－3.29%	0.1	0.01
温家川	率定期	0.42	0.49	－28.15%	0.14	0.01
	验证期	－0.29	0.21	25.61%	0.25	0.01

4.4.3　SWAT－VISUAL MODFLOW在窟野河流域煤矿开采条件下的模拟结果

根据收集到的地下水位实测资料,本书选择了2009年作为研究年,通过SWAT－VISUAL MODFLOW耦合模型计算煤矿开采对窟野河地下水的影响。本次研究将窟野河流域划分为31个水文响应单元,将前文SWAT模型模拟得到的各水文响应单元的2009年月地下水补给量和潜水蒸发量进行输出和统计计算。然后利用ArcGIS软件,将地下水补给量和潜水蒸发量结果赋值给相应的有限差分网格,得到窟野河流域地下水补给量和潜水蒸发量的分布图。

将2009年窟野河地下水月补给量和潜水蒸发量输入到VISUAL MODFLOW中的地下水补给子模块RCH和潜水蒸发子模块EVT,并将4.3节中的煤矿开采的边界条件输入到窟野河流域建立的VISUAL MODFLOW模型中进行非稳定流状态模拟。在煤矿开采的边界条件设置中,本研究根据实地调研的情况及耦合模型率定结果设置了3条地裂缝,其范围为5 km×1 km。VISUAL MODFLOW中模型运行的有关设置见表4-10。利用VISUAL MODFLOW中自带的PEST参数自动率定模块与手动结合的方式进行调参,得到煤矿开采条件下窟野河各含水层的地下水位及流场。

表4-10　VISUAL MODFLOW模型运行相关设定

算法设置	WHS算法
最大外部迭代次数	50
最大内部迭代次数	25
水位变化间隔	0.01

续表 4-10

算法设置	WHS 算法
残差	0.01
阻尼因子	1
相对残差	0
因子分解阶乘	0
补给量	应用于第一含水层
浸润设置	
干枯单元格湿润设置	激活使单元格湿润
湿润上限	0.1
湿润次数	1
湿润方式	从下部开始
湿润水头	由相邻单元格计算
湿润因子	1
干枯单元格的水头设置	1×10^{-30}

利用 PEST 算法通过 2 眼观测井(见图 4-15)2009 年 3 ~ 10 月每月的地下水位率定 VISUAL MODFLOW 模型的参数(导水率和给水度等),2009 年 11 ~ 12 月作为验证期。运用均方根误差(*RMSE*)和标准均方根误差(*NRMSE*)两个指标检验 SWAT－VISUAL MODFLOW 耦合模型的模拟效果,公式如下:

$$RMSE = \sqrt{\frac{\sum_{i=1}^{n}(X_{oi} - X_{pi})^2}{n}} \tag{4-4}$$

$$NRMSE = \frac{\sqrt{\frac{\sum_{i=1}^{n}(X_{oi} - X_{pi})^2}{n}}}{\overline{X}_o} \tag{4-5}$$

式中:X_{oi} 为观测水位;X_{pi} 为模拟水位;$\overline{X}_o$ 为平均观测水位。

NRMSE 可以很好地反映模型模拟效果的好坏,该值小于 10% 表示模拟效果非常好,10% ~20% 表示效果较好,20% ~30% 表示效果一般,大于 30% 表示效果差。

窟野河 2009 年 SWAT－VISUAl MODFLOW 地下水模型模拟效果如下:煤矿开采情景下模型率定期和验证期的 *RMSE* 和 *NRMSE* 分别为 0.29、0.1 及 0.03%、0.009%。验证期 *RMSE* 和 *NRMSE* 均小于率定期,并且窟野河地下水位观测值的差值大约为 2 m,*RMSE* 则是 0.29 m。说明该耦合模型适用于模拟煤矿开采条件下的窟野河流域地下水位及流场情况。

将 2009 年窟野河流域煤矿开采的边界条件去掉,并将 3 条地裂缝的各参数还原为初始值再次进行非稳定流的模拟,得到没有煤矿开采的非稳定流下窟野河各含水层的地下水位及流场,见图 4-20。图 4-20 显示了 2009 年 12 月有、无煤矿开采情景下第一层含水层水位情况，白色部分表示该区域的地下水已疏干。有煤矿开采情景的含水层疏干面积约是无煤矿开采情景的4倍，由此可以推断出煤矿开采加剧了地下水的疏干。通过对比有、无煤矿开采的两组图，还可以明显看出，在各开采区的开采沉陷区（裂缝）周围，地下水流场明显发生改变，地下水降落漏斗面积逐渐扩大。实际上，从图4-20还可以看出，在无煤矿开采情景下也存在含水层疏干的现象。说明2009年人类生产、生活用水有部分来自于地下水，也和实际情况相符，说明耦合模型模拟效果不错。

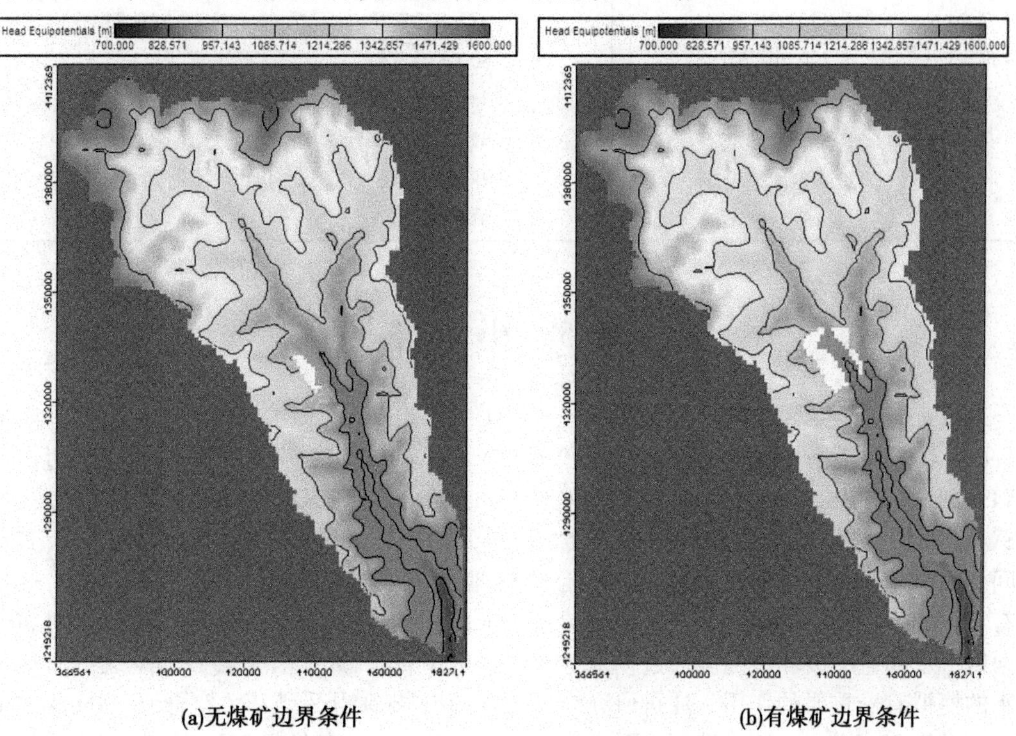

(a)无煤矿边界条件　　(b)有煤矿边界条件

图4-20　2009年12月窟野河流域地下水位

通过表4-11和式(4-6)，计算出2009年煤矿开采对地下水水量破坏的贡献为23.20 mm。

$$\text{煤矿开采破坏水量} = \frac{\text{煤矿开采情景下的总水量} - \text{无煤矿开采情景下的总水量}}{\text{地裂缝总面积}} \tag{4-6}$$

地下水储量又分为静储量和动储量两类。煤矿开采导致的地下水静储量的破坏主要是指煤层上覆的含水层被破坏的水量，而动储量则是指煤矿排水量。根据黄河水利科学研究院所做的水资源论证报告统计出的煤矿排水量约为0.31 m^3/t，2009年窟野河流域煤矿开采量约2.03亿t，计算出该年地下水动储量的破坏量为7.23 mm，静储量的破坏量为15.97 mm。根据吴喜军的研究成果，得到了窟野河流域的生产、生活用水量在2009年达到10.80 mm。根据2009年榆林市水资源公报，其地下水用水量达到27%，两者简单相乘计算后，可以得到生产、生活用水中使用的地下水水量为2.9 mm，该值与煤矿开采破坏的地下水水量相差约8倍。由此可见，煤矿开采是2009年窟野河流域地下水位发生变化的重要原因之一。

表 4-11　窟野河 2009 年 3 ~ 12 月水均衡结果

月	煤矿开采条件下总水量(m^3)	无煤矿开采条件下总水量(m^3)	煤矿开采破坏水量（mm)
3	3 880 018 430	3 410 102 020	3.6
4	4 891 700 740	3 925 317 120	7.4
5	5 914 700 290	4 429 507 070	11.37
6	6 884 264 450	4 896 892 930	15.22
7	7 883 636 740	5 375 107 070	19.21
8	8 890 564 610	5 860 620 800	23.2
9	9 873 914 880	6 341 308 420	27.05
10	10 881 058 800	6 826 883 580	31.05
11	11 608 558 550	5 486 992 805	46.88
12	11 462 382 620	5 314 731 420	47.08

4.5　小　结

本章以 SWAT 模型的水文响应单元(HRU)和 VISUAL MODFLOW 的有限差分网格(cell)为基本交换单元,实现了 SWAT 模型和 VISUAL MODFLOW 的耦合计算。通过应用 VISUAL MODFLOW 模型边界条件中的地下水补给(RCH)模块和蒸发(EVT)模块,将 SWAT 模型计算得到的窟野河流域水文响应单元的地下水补给量和潜水蒸发量值及其空间分布引入到 VISUAL MODFLOW 中,创造性地提出根据煤矿开采的“三带”理论,设置有、无煤矿开采两种情景,并分别对流域地下水位进行模拟计算,计算出煤矿开采对窟野河地下水储量的破坏情况。通过模拟计算过程可以看出,煤矿开采导致的地裂缝对地下水的模拟有着重要的作用。通过研究结果可以看出,煤矿开采破坏了窟野河 2009 年地下水储量为 23.20 mm,其中破坏地下水静储量 15.97 mm、动储量 7.23 mm。煤矿开采加剧了地下水的疏干,在各开采区的开采沉陷区(裂缝)周围,地下水流场明显发生改变,地下水降落漏斗面积逐渐扩大。

煤矿开采会导致窟野河流域的水文地质情况发生很复杂的变化,例如煤层开挖后会在原煤层所在地形成采空区,在强降雨等气象条件下会加剧采空区的地表出现塌陷,甚至“天坑”的情况。水文地质情况的改变会造成含水层的储水率、导水率等地质参数的变化,最终对地下水产生影响。此外,还会造成采空区上覆植被的变化。煤矿开采是窟野河松散岩类孔隙水含水层疏干的主要原因之一。量化中、大尺度流域煤矿开采对地下水的影响是一项很复杂的工作,利用 SWAT - VISUAL MODFLOW 耦合模型模拟流域尺度下多个矿区的煤矿开采对地下水的影响这一物理过程首先要准确理解煤矿开采对流域水文循环影响的机制。

总而言之,利用水文模型工具是可以进行流域煤矿开采对地下水影响的量化研究的,但是本次研究还是存在一些不足。例如:地下水观测数据较少,模型中未考虑农业灌溉用水,如何使用水文模型工具预测流域尺度下煤层开挖后对地下水的影响问题,这些均有待于今后继续研究。

第5章　GRACE 重力卫星联合 GLDAS 全球陆面数据同化系统反演流域地下水变化

本章简要介绍利用 GRACE 重力卫星联合 GLDAS 全球陆面数据同化系统反演陆地水储量变化和地下水储量变化的原理及方法,并在窟野河流域进行了应用。反演了流域2009年的地下水储量的变化,分析讨论了流域内大规模的煤矿开采活动对地下水储量变化的影响。

5.1　GRACE 重力卫星及 GLDAS 全球陆面数据同化系统简介

5.1.1　GRACE 重力卫星

2002年3月17日美国国家航空航天局(NASA)联合德国空间航空太空(DLR)在俄罗斯北部的普列谢茨克基地(Plesetsk)成功发射了 GRACE(Gravity Recovery and Climate Experiment)重力卫星,并同时开展了 GRACE 重力卫星探测全球重力场的时变特征及利用 GPS 无线电掩星技术探测大气层和电离层两项任务。这两项任务的宗旨是:获取高精度地球重力场的中长波分量及全球重力场的时变特征。1998年,Warh 等首次提出基于地球质量变化与重力场变化的关系,利用 GRACE 中长波时变重力场可在一定尺度上反演水文及海洋信号,监测全球水文循环系统中水质量的转移现象。目前该技术已广泛应用于地表水、地下水的转移,全球海平面变化,冰川消融、地震及海洋环流与海洋波动等研究中。GRACE 卫星轨道采用近极圆轨道设计,轨道倾角89.00,偏心率小于0.005,轨道初始高度约500 km。GRACE 卫星采用 SST - LL(低 - 低卫星跟踪卫星)观测技术,两星同轨相距170 ~ 270 km。两个低轨卫星通过星载 GPS 接收机准确确定其轨道位置;利用 K 波段测距(KBR)系统连续观测两星间的距离变率,由此得到地球重力场的空间变率。GRACE 卫星轨道特性和物理参数见表5-1。卫星还携带了三轴加速度计(ACC)以获取卫星所受的非保守力摄动;装载了恒星敏感器,用于精密测量 GRACE 卫星的姿态。由于采用星载 GPS 和加速度计等高精度定轨和非保守力测定技术,以及高精度 K 波段测距,由 GRACE 数据反演构建的地球重力场模型,在中、大空间尺度下,GRACE 重力场的精度显著优于 CHAMP 和 GOCE 卫星重力模型。目前 GRACE 重力卫星可以提供阶次达到60、时间分辨率为30 d 甚至10 d 的地球重力场模型时变序列。研究表明,利用 GRACE 数据反演的陆地水储量的变化幅度可以达到1 cm。

表 5-1　GRACE 卫星轨道特性和物理参数

<table>
<tr><th colspan="2">项目</th><th>GRACE A</th><th>GRACE B</th></tr>
<tr><td rowspan="4">物理参数</td><td>宽(mm)</td><td colspan="2">1 942</td></tr>
<tr><td>长(mm)</td><td colspan="2">3 123</td></tr>
<tr><td>高(mm)</td><td colspan="2">720</td></tr>
<tr><td>质量(kg)</td><td colspan="2">487</td></tr>
<tr><td rowspan="6">轨道特性</td><td>长半轴 a(km)</td><td>6 876.481 6</td><td>6 876.992 6</td></tr>
<tr><td>偏心率 e</td><td>0.000 409 89</td><td>0.000 497 87</td></tr>
<tr><td>倾角 I(°)</td><td>89.025 446</td><td>89.024 592</td></tr>
<tr><td>升交点赤经 Ω(°)</td><td>354.447 149</td><td>354.442 784</td></tr>
<tr><td>近地点角距 ω(°)</td><td>302.414 244</td><td>316.073 923</td></tr>
<tr><td>平近点角距 M(°)</td><td>80.713 591</td><td>67.044 158</td></tr>
</table>

GRACE 数据主要包括星间距离变率以及每颗卫星的加速度计、GPS、姿态观测值。现阶段 GRACE 数据产品分为四类:Level - 0、Level - 1A、Level - 1B 和 Level - 2。其中,Level - 0 是原始数据,是卫星自动测量的记录。给 Level - 0 数据标上时间,并将数据的二进制编码结果转换成工程单位制结果,就得到 Level - 1A 数据。在 Level - 0 和 Level - 1A 数据的基础上,通过降低数据采样率等技术进行一系列不可逆的处理,得到 Level - 1B 数据。Level - 2 数据则是通过对 Level - 1B 和其他辅助数据解算后得到的,该数据主要包括用球谐系数表示的月重力场估值及大气相关数据。迄今为止 Level - 2 数据历经 RL01、RL02、RL03、RL04 以及 RL05 版本,各版本数据是由 CSR(Center for Space Research, The University of Texas at Austin)、GFZ(Geo Forschungs Zentrum)和 JPL(Jet Propulsion Laboratory)三个不同机构发布的。

5.1.2　GLDAS 全球陆面数据同化系统

GLDAS 全球陆面数据同化系统是由美国国家航空航天局哥达航空中心(GSFC, Goddard Space Flight Center)联合美国国家海洋和大气管理局(NOAA, National Oceanic and Atmospheric Administration)共同开发的全球水文模式。该模式通过卫星遥感与地表观测相结合的数据来驱动 CLM、NOAH 和 Mosaic 这三个陆面水文过程模型以及大尺度的 VIC 水文模型,进而得到研究区域的叶冠层含水量、冰雪水量、土壤含水量等数据。CLDAS全球陆面数据同化系统分别提供 1979 年至今这 4 个水文模型空间分辨率为 1° × 1°、时间分辨率为 3 h 或月的数据。

本次研究中所需要的数据主要有叶冠层含水量、冰雪水量、土壤含水量这 3 种数据,现就这 4 个水文模型的土壤含水量分层情况加以说明:CLM 水文模型将土壤分为 10 层,各层深度由上往下分别为 0.018 m、0.045 m、0.091 m、0.166 m、0.289 m、0.493 m、0.829 m、1.383 m、2.296 m 和 3.433 m;NOAH 水文模型将土壤分为 4 层,依次为 0.1 m、0.4 m、1 m 和 2 m;Mosaic 水文模型将土壤分为 3 层,依次为 0.02 m、1.5 m 和 3.5 m;VIC 水文模型将土壤分为 3 层,依次为 0.1 m、1.6 m 和 1.9 m。

5.2　GRACE 重力卫星联合 GLDAS 反演地下水总储量变化的基本理论

近几年来,GRACE 时变重力场模型在水文学方面有着很多的应用。大多数水文科研工作者都是采用经过高斯平滑和去条纹滤波技术处理后的 Level - 2 数据产品得到月重力场估值的球谐解;再从重力场的球谐解的重力位系数中扣除长期平均值,即可得出各月的重力位系数异常值;然后通过计算地球表面密度变化(将地球球体看作很薄的一层,面密度变化也就是地球质量变化)直接将重力位系数异常值转化为等效水高的变化;最后就可以计算出陆地水总储量的变化量。根据水平衡原理从陆地水总储量的变化量中扣除地表水总储量的变化量就计算出了地下水总储量的变化量。下面就将高斯平滑、去条纹滤波等计算方法进行简要说明。

5.2.1　GRACE 反演陆地水储量变化原理

GRACE 原始数据的图形有很多垂直条带和噪声,在没有经过高斯平滑和去条纹滤波技术处理之前是很难看出重力场模型的重力位系数变化情况的。因此,首先将地球重力场模型展开为大地水准面的球谐系数表现形式:

$$\Delta N(\theta,\lambda) = \alpha\sum_{l=0}^{\infty}\sum_{m=0}^{l}(C_{lm}\cos m\lambda + S_{lm}\sin m\lambda)\widetilde{P}_{lm}(\cos\theta) \tag{5-1}$$

式中:α 为地球半径;θ、λ 分别为地心余纬($\theta = 90° -$ 地心纬度 φ)及地心经度;l、m 为球谐展开的阶和次;C_{lm}、S_{lm} 为完全规格化的球谐系数,即位系数;$\widetilde{P}_{lm}(\cos\theta)$ 为完全规格化 Legendre 缔合函数;ΔN 表示大地水准面高度变化。

由于受到气候变化和人类活动的影响,大地水准面时刻都处在变化状态中,这两种影响因素通过改变地球表面物质质量进而改变大地水准面高,此变化可以表示为

$$\Delta N(\theta,\lambda) = \alpha\sum_{l=0}^{\infty}\sum_{m=0}^{l}(\Delta C_{lm}\cos m\lambda + \Delta S_{lm}\sin m\lambda)\widetilde{P}_{lm}(\cos\theta) \tag{5-2}$$

式中:ΔC_{lm}、ΔS_{lm} 分别为相应的大地水准面球谐系数变化。

在以上理论基础上,大地水准面球谐系数变化与密度变化均有相应的关系式,其表达形式为

$$\begin{Bmatrix}\Delta C_{lm}\\ \Delta S_{lm}\end{Bmatrix} = \frac{3}{4\pi\alpha\rho_{\mathrm{ave}}}(2l+1)\int\Delta\rho(r,\theta,\lambda)\widetilde{P}_{lm}(\cos\theta)\left[\frac{r}{\alpha}\right]^{l+2}\begin{Bmatrix}\cos(m\lambda)\\ \sin(m\lambda)\end{Bmatrix}\sin\theta\mathrm{d}\theta\mathrm{d}\lambda\mathrm{d}r \tag{5-3}$$

式中:ρ_{ave} 表示地球的平均密度,其取值约为 5 517 kg/m^3;$\Delta\rho(r,\theta,\lambda)$ 表示地球体密度变化,地球表面的质量转移现象主要集中出现在地球表面很薄的一层上,因此将体密度变化在薄层内积分即可得到地球表面密度的变化。由于这仅是薄薄的一层,因此可以认为其地球表面密度的变化就是地球表面质量的变化,也就可以反映出大气、海洋、冰川、陆地水储量、地下水储量等的变化,并且假设该薄层厚度 H 足够小,使得 $(l_{\max}+2)H/\alpha \ll 1$,则

$\left(\frac{r}{\alpha}\right)^{l+2} \approx 1$，因而式(5-3)可简化为

$$\begin{Bmatrix} \Delta C_{lm} \\ \Delta S_{lm} \end{Bmatrix}_{地表质量} = \frac{3}{4\pi\alpha\rho_{\text{ave}(2l+1)}}\int \Delta\sigma(\theta,\lambda)\,\widetilde{P}_{lm}(\cos\theta)\begin{Bmatrix} \cos(m\lambda) \\ \sin(m\lambda) \end{Bmatrix}\sin\theta \mathrm{d}\theta \mathrm{d}\lambda \tag{5-4}$$

式中：$\Delta\sigma(\theta,\lambda)$ 为地球表面密度的变化。

大地水准面不仅受到地球表面质量转移的影响，同时固体地球的滞弹特性导致地球发生形变，进而影响到大地水准面的变化，那么对应的球谐系数的变化量则为

$$\begin{Bmatrix} \Delta C_{lm} \\ \Delta S_{lm} \end{Bmatrix} = \frac{3\,k_l}{4\pi\alpha\rho_{\text{ave}(2l+1)}}\int \Delta\sigma(\theta,\lambda)\,\widetilde{P}_{lm}(\cos\theta)\begin{Bmatrix} \cos(m\lambda) \\ \sin(m\lambda) \end{Bmatrix}\sin\theta \mathrm{d}\theta \mathrm{d}\lambda \tag{5-5}$$

式中：k_l 为 l 阶负荷勒夫数。

表5-2给出了当阶数在200阶以下时，负荷勒夫数的取值情况，对于表中未给出的数值，可以选择用线性内插的计算方法得到。其中，l 为阶数，而 $l=1$ 的数值则是在假定的地球坐标系的原点，也就是位于地球中心而得到的。

表5-2　负荷勒夫数

l	k_l	l	k_l
0	0	10	-0.069
1	0.027	12	-0.064
2	-0.303	15	-0.058
3	-0.194	20	-0.051
4	-0.132	30	-0.04
5	-0.104	40	-0.033
6	-0.089	50	-0.027
7	-0.081	70	-0.02
8	-0.076	100	-0.014
9	-0.072	150	-0.01

当选择的GRACE地球重力场模型为一阶项时，也就是 k_l 的值与所选用的地球坐标系中心和地球质心的相对位置是有联系的。假如地球的质心与所选用的地球坐标系的中心重合时，该值始终等于零。但是，对于地球内任意一个质量源来说，一般情况下其质心与地球质心是不会重合的，因此 $k_{l=1}$ 不会为零。而当任意一个质量源质心发生变化时，固体地球的质心也会发生相应变化，但与此同时，任意一个质量源和固体地球总质量的质心是不会发生变化的，此时，$k_{l=1}=1$。

由式(5-4)、式(5-5)可以得到大地水准面变化由地球表面质量转移造成的总贡献量。接着，将地球面密度的变化也就是地球表面质量转移进行级数展开，则有：

$$\Delta\sigma(\theta,\lambda) = \alpha\rho_{\text{water}}\sum_{l=0}^{\infty}\sum_{m=0}^{l}(\Delta\bar{C}_{lm}\cos m\lambda + \Delta\bar{S}_{lm}\sin m\lambda)\,\widetilde{P}_{lm}(\cos\theta) \tag{5-6}$$

式中：ρ_{water} 为水密度，其值为1 000 kg/ m^3；$\Delta\bar{C}_{lm}$、$\Delta\bar{S}_{lm}$ 为地球表面质量转移展开的球谐系数变化量。

由式(5-3)～式(5-6)可以得到 GRACE 重力卫星的重力场模型反演地球表面质量变化的基本公式：

$$\Delta\sigma(\theta,\lambda) = \frac{\alpha\rho_{\text{ave}}}{3}\sum_{l=0}^{\infty}\sum_{m=0}^{l}(\Delta C_{lm}\cos m\lambda + \Delta S_{lm}\sin m\lambda)\widetilde{P}_{lm}(\cos\theta)\frac{2l+1}{1+k_l} \tag{5-7}$$

式中：ΔC_{lm}、ΔS_{lm} 可由 GRACE 重力卫星观测数据得到。

GRACE 重力场模型的球谐系数的误差随着阶数的增大而增大。因此，在利用 GRACE 重力场模型反演陆地水储量时，通常采用高斯平滑技术对 GRACE 重力场模型的球谐系数进行预处理，通过高斯平滑技术减少高阶系数的权重，进而达到减小 GRACE 观测误差的影响，其实质是牺牲空间分辨率来提高解的精度，高斯平滑技术采用以下公式表示：

$$W_0 = \frac{1}{2\pi} \tag{5-8}$$

$$W_l = \frac{1}{2\pi}\left[\frac{1+e^{-2b}}{1-e^{-2b}} - \frac{1}{b}\right] \tag{5-9}$$

$$W_{l-1} = -\frac{2l+1}{b}W_l + W_{l-1} \tag{5-10}$$

$$b = \frac{\ln 2}{1-\cos(r/\alpha)} \tag{5-11}$$

式中：W_l 为权函数；r 为高斯平滑半径。

引入高斯平滑技术后，式(5-7)可改写成：

$$\Delta\bar{\sigma}(\theta,\lambda) = \frac{2\pi\alpha\rho_{\text{ave}}}{3}\sum_{l=0}^{N}\sum_{m=0}^{l}\frac{2l+1}{1+k_l}W_l P_{lm}\cos\theta[\Delta C_{lm}\cos m\lambda + \Delta S_{lm}\sin m\lambda] \tag{5-12}$$

式中：$\Delta\bar{\sigma}(\theta,\lambda)$ 为高斯平滑后的地球表面质量的变化。

Swenson 等研究发现，经过高斯平滑处理后的 GRACE 数据仍然存在许多南北向的条纹质量变化信号。这是由于 GRACE 重力场球谐系数的残差中存在系统性相关误差，仅仅使用高斯平滑技术是无法消除这种影响的。为了消除这种系统性相关误差，通常采用移动参数拟合的后处理滤波方法。该方法的基本思想是：保持阶次较低部分次数的 GRACE 重力场球谐系数残差不变，对剩余的每个次数的系数残差按奇数阶数和偶数阶数分别进行高阶多项式拟合。然后，将多项式拟合值视为相关误差，并从 GRACE 重力场球谐系数中扣除拟合值，就可消除这种系统性相关误差，这种处理 GRACE 重力场球谐系数的方法称为去条纹滤波法。

GRACE 重力场模型球谐系数一阶 C_{20} 项对反演全球水储量的变化有着很重要的影响，由于 GRACE 重力卫星的近圆轨道导致该项解算精度不高。为了提高该项解算精度，可通过卫星激光测距(SLR)的数据来替换 GRACE 重力场模型的 C_{20} 项。

通过以上三种方法对 GRACE 重力场模型球谐系数进行预处理后，可以有效地减轻数据的条带现象，提高反演精度。将通过高斯平滑与去条纹滤波法处理后的 GRACE 重力场模型得出的地球表面质量的变化[式(5-12)]除以水密度，即可得到以等效水高表示的地球表面质量变化：

$$\Delta H(\theta,\lambda) = \frac{2\alpha\rho_{\text{ave}}\pi}{3\rho_{\text{water}}}\sum_{l=0}^{N}\sum_{m=0}^{l}\frac{2l+1}{1+k_l}W_l P_{lm}\cos\theta[\Delta C_{lm}\cos m\lambda + \Delta S_{lm}\sin m\lambda] \tag{5-13}$$

式中：ρ_{water} 为水的密度。

本研究选用的是由美国国家航空航天局（NASA）和德国航天中心（CSR）、亥姆霍兹波茨坦中心（GFZ）和美国喷气推进实验室（JPL）提供的 2009 年 1～12 月共 3 组 GRACE 重力卫星的 RL05 数据产品。数据的区域包含窟野河、秃尾河流域，数据区域内共包括 2 个 GRACE 格网点。时间分辨率为 1 个月，空间分辨率为 1°×1°。

选用该产品是由于其具备以下几个优点：①重力场模型的球谐系数的质量异常值已经消除；②数据经过了去条纹滤波处理；③高斯平滑所选用的高斯半径为 200 km，增加了空间分辨率精度，使数据能较好地反演本研究区域的陆地水储量的变化；④等效水高的网格数据（1°×1°）已经完成，经过简单的处理即可得到研究区域的陆地水储量的变化量。

5.2.2　GRACE 联合 GLDAS 反演地下水储量变化原理

基于 GLDAS 全球陆面数据同化系统反演陆地水储量主要是通过水平衡原理实现的。水平衡模型可以利用 DEM、土地利用变化图和土壤类型图等一些相关资料模拟流域内的径流，甚至能够基于此模型与一些数理统计方法相结合计算流域范围内的陆地水储量变化，进而估算出水资源总量。基于水平衡原理的水文模型通常需要全面考虑水文循环的所有组成部分，所以采用水平衡模型以具体和全面地表征水陆循环全过程。

在反演陆地水储量的时候，可以只考虑水文循环中的四个要素：降水量、蒸散发、地表径流和水储量。因此，陆地总水量可以用式（5-14）表示：

$$TWS = CWS + SWE + SWS + TSM + GWS \tag{5-14}$$

式中：*TWS* 为陆地总水量；*CWS* 为叶冠层含水量；*SWE* 为冰雪水量；*SWS* 为地表水体储水量；*TSM* 为土壤含水量；*GWS* 为地下水储量。

GRACE 重力卫星反演的陆地水储量是指某一时期的陆地水储量的变化量，因此，在计算地下水储量变化量时，可以将式（5-14）改写为

$$\Delta GWS = \Delta TWS - (\Delta CWS + \Delta SWE + \Delta SWS + \Delta TSM) \tag{5-15}$$

式中，Δ 表示某一时期的变化量。

流域内地表水储量变化主要包括河流、湖泊、水库中水储量的变化，这些资料难以获取，但有研究结果表明，对于例如黄河流域这样较大的流域，地表水储量变化相比于地下水和土壤水量变化要小一个量级，所以研究中一般忽略地表水储量变化对总水量变化的影响，因此可以将地表水储量变化项删除，那么式（5-15）可改写为

$$\Delta GWS = \Delta TWS - (\Delta CWS + \Delta SWE + \Delta TSM) \tag{5-16}$$

这也就是在本研究中仅仅采用全球陆面数据同化系统 GLDAS 模拟的叶冠层含水量、土壤含水量、冰雪水量计算分离研究区域地下水储量变化过程的原因。

5.3　GRACE 重力卫星联合 GLDAS 反演窟野河流域地下水变化

从前文的研究结果得到窟野河流域大规模的煤矿开采等人类活动破坏了地下水储存的位置，而地下水储量是否也因煤矿开采而产生了变化。为了解决这个问题，本研究采用 GRACE 联合 GLDAS 研究气候变化和人类活动双重驱动力作用下窟野河流域地下水储量

变化情况,并与SWAT-VISUAL MODFLOW耦合模型模拟出的2009年煤矿开采破坏的地下水量做比较与分析,验证GRACE重力卫星反演结果的合理性。

计算研究区域地下水储量的变化方法是:利用式(5-16)将GLDAS模拟的叶冠层含水量、土壤含水量、冰雪水量从GRACE重力卫星反演的陆地水储量变化中扣除。

5.3.1 数据处理

本研究选用的是CSR、GFZ、JPL三个机构提供的自2009年1~12月共3组GRACE重力卫星的RL05数据产品。数据的区域包含窟野河流域,在东经109°~111°、北纬38°~40°,在数据区域内选择了覆盖这个流域的2个GRACE格网点。时间分辨率为1个月,空间分辨率为1°×1°。GRACE数据选取范围如图5-1所示。

图5-1 GRACE重力卫星研究区域

因为GRACE重力卫星的RL05数据是月观测值减去2009年1~12月观测值的平均值得到的,为了与GRACE重力数据相匹配,本书中GLDAS全球陆面数据同化系统也选用2009年1~12月的数据时段,并将该时段的月模拟值进行平均后扣除,得到2009年1~12月的GLDAS月模拟数据。时间分辨率为1个月,空间分辨率为1°×1°。

为了减少不同机构及不同水文模型数据的误差,分别将CSR、GFZ、JPL 3个机构提供的GRACE反演的陆地水储量的变化数据及扣除平均值后的CLM、NOAH、Mosaic和VIC 4个水文模型模拟出的叶冠层含水量、土壤含水量、冰雪水量进行平均处理,然后通过式(5-16)计算出2009年研究区域的地下水月储量变化。

5.3.2 GRACE重力卫星数据比较分析

GRACE重力卫星反演陆地水储量的数据由CSR、GFZ、JPL三个机构提供,研究区域的陆地水储量变化如图 5-2 所示。从图中可以看到 3 个机构提供的数据在趋势方面还是比较符合的,但是在振幅方面差距比较大,其中 GFZ 和 CSR 数据在振幅方面的吻合度是比较高的。这是由 3 个机构构建的地球重力场模型不同及解算方法不同造成的。为了减少数据误差,本研究先将这三组数据进行平均化处理后再进行地下水储量变化的计算。从图中还可以看出研究区域的陆地水储量在不同月的变化不同,夏季(6 ~8 月)陆地水储量呈增大的趋势,而春季(3 ~5 月)、冬季(12 月至次年 2 月)和秋季(9 ~11 月)陆地水储量则是减少的趋势。

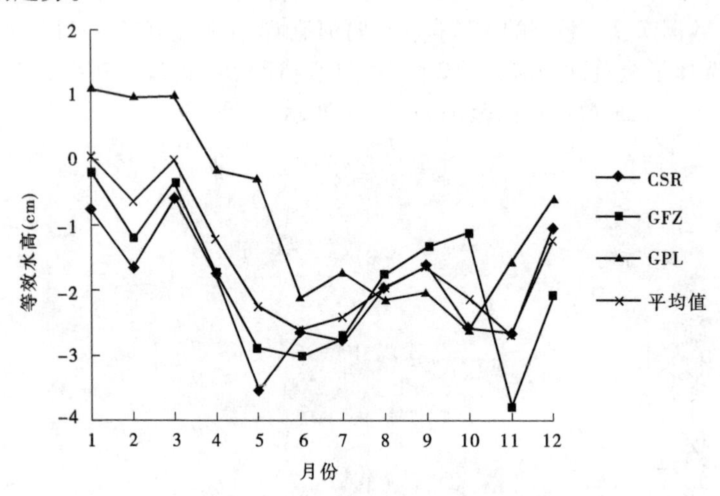

图 5-2　GRACE 反演陆地水储量变化

5.3.3　GLDAS 水文模型的数据比较分析

GLDAS 全球陆面数据同化系统模拟陆地水储量的数据是由 CLM、NOAH、Mosaic 和 VIC 4 个水文模型模拟出的叶冠层含水量、土壤含水量、冰雪水量三部分组成的。研究区域的陆地水储量变化如图 5-3 所示。

从图 5-3 中可以看到,4 个不同的水文模型模拟出的叶冠层含水量、土壤含水量、冰雪水量在变化趋势方面还是比较符合的。在振幅方面,叶冠层含水量 NOAH 模型 11 月模拟值和 CLM 模型 8 月模拟值差距比较大,土壤含水量 Mosaic 模型 1 ~4 月模拟值和 VIC 模型 5 月、VIC 模型和 CLM 模型 6 月模拟值差距比较大,冰雪水量 NOAH 模型和 VIC 模型 11 月模拟值差距比较大。因此,在对这些含水量数据进行平均处理之前先剔除了这些异常值。从图中还可以看出研究区域的叶冠层含水量和土壤含水量存在着规律性的变化,即叶冠层含水量在 11 月、8 月最大,8 月达到峰值,而 6 月、10 月较小;土壤含水量在 6 月最小,9 月最大。这与窟野河流域月降雨与蒸发的趋势也是相吻合的,均说明 GLDAS 模拟的叶冠层含水量和土壤含水量是比较准确的。

5.3.4　GRACE 重力卫星与 GLDAS 水文模型的数据比较分析

将经过处理后的 2009 年 GRACE 重力卫星反演的陆地水储量变化值与 GLDAS 水文模型模拟出的叶冠层含水量(CWS)、土壤含水量(TSM)、冰雪水量(SWE)这三者总和的

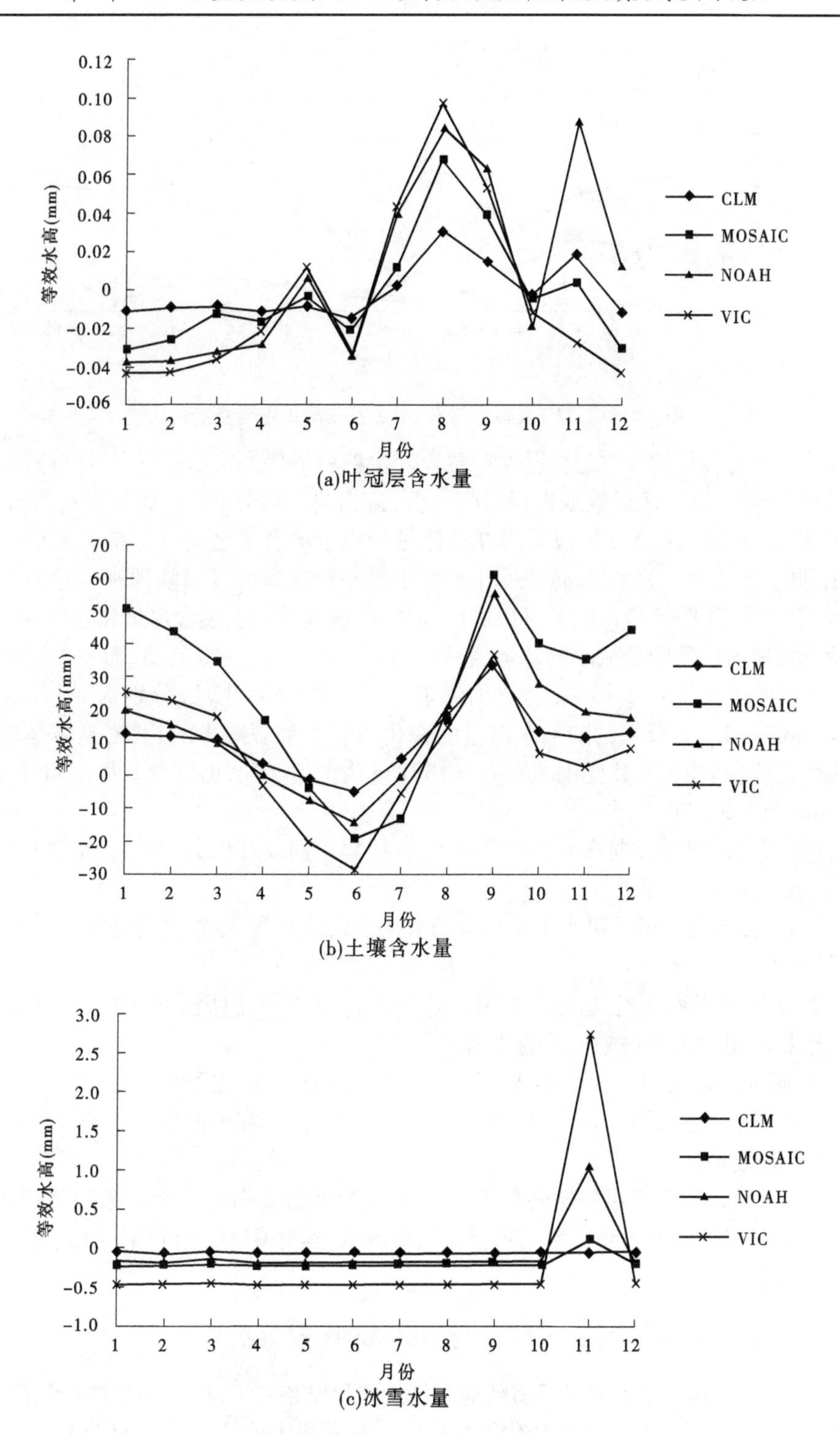

(a)叶冠层含水量

(b)土壤含水量

(c)冰雪水量

图 5-3　GLDAS 模拟结果

数据进行比较,结果见图 5-4。

从图 5-4 可以看出,除 2 月 GLDAS 模拟值与 GRACE 反演的陆地水储量变化值的趋

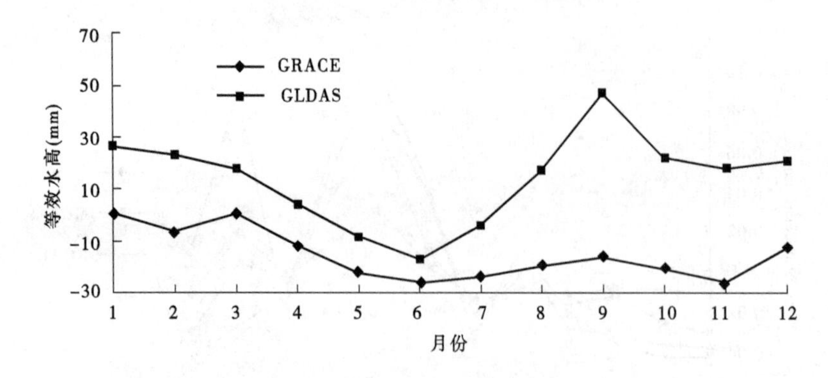

图 5-4　GLDAS 模拟值与 GRACE 反演陆地水储量变化比较

势不同外,其他各月的变化趋势基本一致。变化趋势呈现先减小后增大,然后减小再增大的周期性变化。对这两组数据进行回归分析,其相关系数为 0.45,而且没有通过 95% 置信度检验;并且通过图 5-3 可以看到在多数月份中土壤含水量与叶冠层含水量和冰雪水量相比明显不是一个数量级,这说明土壤含水量是影响研究区域陆地水储量的一个重要影响因子。从 GLDAS 模拟结果可以看出,研究区域夏季的土壤含水量和陆地水储量呈现增加的趋势,而秋季则是减小的趋势,春季土壤含水量呈现递减趋势,而冬季则是增加的趋势,它们的变化值基本持平,变化的峰值出现在 6 月和 9 月,分别为 -17.34 mm 和 46.74 mm。GRACE 反演的陆地水储量的变化在春季呈现减少的趋势,夏季是增加的趋势,秋季是减少的趋势,其变化的峰值与 GLDAS 模拟值不同,出现在 1 月和 11 月,分别为 0.44 mm 和 -26.76 mm。

分析认为这两组数据峰值出现月份不同、振幅不同以及相关性不高,主要有以下几个原因:

(1)GLDAS 在中国干旱半干旱地区的数据准确性不高,在本次研究中认为 GLDAS 模拟结果偏大。

(2)根据水平衡原理,通过对这两组数据进行简单的计算就可反演地下水储量的变化,这也是两组数据的振幅不同的原因之一。

(3)研究区域大规模的煤矿开采活动改变了原有的水文循环模式,使得壤中流由水平运动为主转化为水平与纵向运动并存;导水裂隙带的存在也改变了土壤含水量,加速了土壤水向大气蒸发的速率。

(4)GRACE 重力卫星的空间分辨率在 60 阶次经过高斯平滑和去条纹处理后大约为 1°×1°,本研究选取的研究区域还包含秃尾河流域,其对 GLDAS 和 GRACE 的数据也会有一定的影响。

5.3.5　GRACE 反演地下水储量与 GLDAS 比较分析

前文对 GRACE 重力卫星反演陆地水储量变化结果和 GLDAS 模拟的叶冠层含水量、土壤含水量及冰雪水量之和的变化结果进行了分析和比较,认为尽管数据存在不确定性,但是仍然可以在一定程度上反映出研究区域的水资源变化情况。通过式(5-15)将两组数据进行处理后,即可得到研究区域的地下水储量变化结果,结果见图 5-5。

从图 5-5 中可以看到,研究区域地下水储量 2009 年与 2003 ~ 2009 年平均值相比整

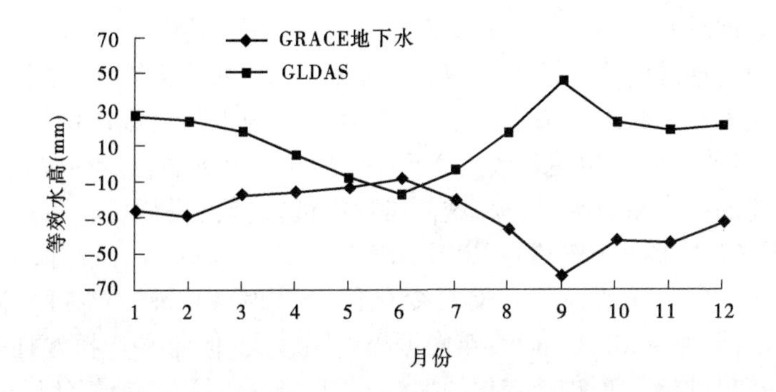

图5-5 GRACE反演地下水储量变化与GLDAS模拟结果

体是减小的，其中6月前呈现增加趋势，6月后急速下降，到9月又开始缓步回升。6月达到峰值为-8.61 mm，9月地下水储量最小为-63.18 mm，全年变化幅度非常大。夏季由于灌溉及人类生产生活用水需求量增大，地下水储量急剧减少。到了冬季用水需求量下降，使得地下水储量缓步回升。年平均地下水储量变化值为-29.40mm。相较GRACE反演地下水储量变化结果，GLDAS的变化趋势与之相反，对这两组结果进行回归分析，其相关系数达到了0.84，并通过了95%置信度检验，说明土壤含水量是研究区地下水储量的一个重要影响因素。经过分析，本研究认为煤矿开采后所形成的导水裂隙带成为了土壤水向地下水运移的通道。

5.3.6 GRACE反演地下水储量与SWAT-VISUAL MODFLOW模拟结果比较分析

第4章通过构建SWAT-VISUAL MODFLOW耦合模型模拟了窟野河流域2009年因煤矿开采造成的地下水位及流场的变化，根据表4-11，就可得到耦合模型计算出的煤矿开采对地下水量影响的变化值。将该值与图5-5的GRACE重力卫星联合GLDAS反演得到的地下水储量变化值进行比较，见图5-6。

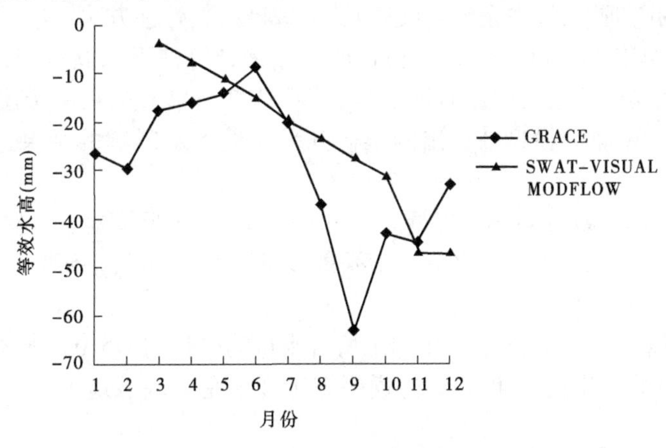

图5-6 GRACE与SWAT-VISUAL MODFLOW结果比较

从图5-6中可以看出，SWAT-VISUAL MODFLOW模拟计算出的煤矿开采导致地下水量先是平稳地逐月减少，到了 11 月、12 月则趋于不变，其中 10 月地下水量骤然下降。这说明煤矿开采后造成的采空区的上覆岩层塌陷后，出现了很多导水裂隙，这些裂隙经过一段时间后会从不稳定状态逐渐趋于稳定，含水层结构也随之慢慢稳定下来。对这两组数据进行回归分析，它们的相关系数为 0.64，并通过了 95% 置信度检验，说明煤矿开采是地下水储量变化的一个重要因素。将这两组数据的振幅值进行比较可以看出，5 月、7 月和 11 月 3 个月 GRACE 与 SWAT - VISUAL MODFLOW 结果符合较好，而其他月差距较大。2009 年 GRACE 反演的地下水储量变化值为 - 29.40 mm，SWAT - VISUAL MODFLOW 计算出的结果为 - 23.20 mm。年内振幅差距较大，但年平均振幅还是比较吻合的。这两种方法计算出的地下水储量变化的振幅不同，经分析认为主要有以下几个原因：

（1）煤矿开采并不是影响研究区域内地下水储量变化的唯一原因，还存在诸如气候变化和其他人类活动（灌溉、水土保持措施用水、生产用水、生活用水）等原因。

（2）由于数据量有限，只利用 SWAT - VISUAL MODFLOW 模拟了窟野河 2009 年的煤矿开采对地下水的变化影响，但没有采用 GRACE 重力卫星反演地下水储量将 2004 ~ 2009 年的平均值扣除的方法处理该数据。

（3）GRACE 重力卫星监测的研究区域不仅有窟野河流域还包括了秃尾河流域。

（4）GLDAS 模拟出的土壤含水量的不确定性。

尽管 GRACE 重力卫星与 SWAT - VISUAL MODFLOW 耦合模型年内计算结果的振幅有较大的差距，但是年平均值的振幅还是比较一致的，说明煤矿开采是窟野河地下水量减少的一个重要原因。而且也说明了 GRACE 重力卫星监测数据与 GLDAS 联合反演流域地下水储量变化的方法是适合在煤矿开采区使用的。

5.4　小　结

本章介绍了 GRACE 重力卫星及 GLDAS 全球陆面数据同化系统，并对它们联合反演陆地水储量及地下水变化的原理进行了论述，重点讨论了 GRACE 重力卫星在反演陆地水储量时采用的高斯平滑、去条纹滤波法及 C_{20} 球谐系数处理方法。还描述了如何根据水平衡原理将 GRACE 与 GLDAS 数据进行处理，用来计算地下水储量变化的方法。最后，将该方法应用在煤矿开采区的窟野河流域，并将计算结果与第 4 章所述的利用 SWAT - VISUAL MODFLOW 耦合模型计算出的煤矿开采对地下水影响的结果进行了比较分析。主要结论如下：

（1）在该研究区域利用 GRACE 重力卫星联合 GLDAS 反演地下水储量是适用的。

（2）土壤含水量与 GRACE 的相关性不高，说明土壤含水量是研究区域陆地水储量变化的一个因素，但并不是最主要的。

（3）煤矿开采造成的地下水变化和土壤含水量的变化与 GRACE 联合 GLDAS 反演的流域地下水储量的变化相关性较高，这说明煤矿开采是该区域地下水变化的一个重要的影响因素。

（4）GRACE 监测数据反演煤矿开采区地下水储量变化方法是适用的。

第 6 章　结论与展望

6.1　结　论

干旱半干旱地区大规模的煤矿开采促进了中国经济的快速发展,但是也给该区域带来了水资源短缺等一系列问题。究竟煤矿开采对流域水资源的影响是怎样的呢？针对这个问题,本研究在系统总结煤矿开采对水文循环影响机制的基础上,全方位系统地利用分布式水文模型、数理统计、GRACE 重力卫星工具构建了研究多个矿区的煤矿开采对流域地表水量、地下水量的影响方法,并将该方法应用于黄河中游典型支流窟野河上,来探讨煤矿开采对流域水资源影响。主要结论如下：

(1)利用窟野河流域内 18 个雨量站、3 个水文站和 1 个气象站的日序列数据统计了流域内降雨、蒸发年内及年际变化以及径流的年际变化。使用研究水文时间序列趋势的一种通用方法 Mann - Kendall 非参数秩次相关检验法检测了流域中具有代表性的 3 个水文站和 1 个气象站的年降雨、蒸发的趋势。从 1966 ~ 2009 年的统计数据资料看,流域多年平均年降水量为 417.6 mm,降水时空分布极不均匀。时间上,年内分配不均,6 ~ 9 月降水量占年降水量的 71% ~ 88%。最大月降水量出现在 7 月、8 月,降水量之和占年降水量的 50% ~ 60%,且多暴雨。从气象站 1957 ~ 2009 年的数据统计资料看,流域多年平均年蒸发量为 2 222.8 mm,时间分布极不均匀。汛期蒸发量占年蒸发量的 41.3%,非汛期蒸发量占年蒸发量的 58.7%。最大月蒸发量出现在 5 月、6 月、7 月,蒸发量之和占年蒸发量的 46.6%。年降水量、年蒸发量下降的趋势不显著,且蒸发量的变化比降雨量的要大。窟野河流域多年平均年径流量为 5.19 亿 m^3,多年平均径流深在 19 ~ 84 mm,径流量的时空分布极不均匀。接着联合 Mann - Kendall 非参数秩次相关检验法和 Pettitt 变异点检测方法,对流域的年径流进行了突变点检测,确定了流域径流突变点分别出现在 1979 年和 1996 年。将径流突变产生的原因定性的归结为 1979 年后流域开始实施大规模的水土保持措施及 1997 年后煤矿大规模开采。

(2)提出了基于数理统计与 SWAT 分布式水文模型相结合的方法量化流域气候变化及人类活动(煤矿开采)对径流的影响。根据基于水文模型分离气候变化和人类活动对径流影响的思路,以及人类活动对径流产生不同影响的机制,将人类活动划分为直接人类活动与间接人类活动两类。建立了从诸多人类活动中分离量化煤矿开采对径流影响的公式,并将该方法应用于窟野河流域。从 N_{SE}、R^2、RE、$P-factor$、$R-factor$ 等 5 个评价指标的计算结果可以看出,分布式水文模型 SWAT 可以较好地模拟窟野河 1966 ~ 1996 年月径流。两个时期不同参数的选取也客观地反映了人类活动对流域产汇流机制的影响。其中,第一时期(1966 ~ 1978 年)窟野河月径流模拟效果优于第二时期(1979 ~ 1996 年),流域从北到南的月径流模拟效果逐渐变差,说明 SWAT 模型在模拟人类活动干扰较少时期的径流效果较好。利用基于水文模型分离气候变化和人类活动的方法,计算出窟野河流域第二时期气候变化和人类活动对年径流的减少贡献量分别为 12.6 mm 和 11.7 mm,占该时期减水量的 51.85%、48.15%。第三时期气候变化和人类活动对年径流的减少贡献量分别为 16.66 mm 和 45.36 mm,占该时期减水量的 26.86%、73.14%。第二时期的气候变化对径流锐减的影响占主要地位,人类活动对径流的影响主要是水土保持措施及人类生产生活用水。第三时期(1997 ~ 2009 年)人类活动对径流锐减的贡献量占主要地位,这是因为植树造林等水土保持措施涵养水源的功能开始发挥作用,同时煤矿开采导致大量的地表水通过导水裂隙带流入地下并且通过地裂缝大量的蒸发。窟野河流域内煤矿开采导致第三时期的年径流减少21.15 mm,占减水量的 56.07%,吨煤减水量为 2.6 m^3。因此,煤矿开采是窟野河第三时期径流锐减的主要原因之一。

(3)将 SWAT 模型的水文响应单元(HRU)和 VISUAL MODFLOW 的有限差分网格(cell)作为基本交换单元,实现了 SWAT 模型和 VISUAL MODFLOW 的耦合计算。通过应用 VISUAL MODFLOW 模型边界条件中的地下水补给(RCH)模块和蒸发(EVT)模块,将 SWAT 模型计算得到的流域水文响应单元的地下水补给量和潜水蒸发量值及其空间分布引入到 VISUAL MODFLOW 后,就建立了流域 SWAT - VISUAL MODFLOW 耦合模型。创造性地提出了根据煤矿开采的“三带”理论,设置有、无煤矿开采两种情景,并分别对流域地下水位进行模拟计算,计算出煤矿开采前后流域地下水位及流场变化情况,并将上述方法应用于窟野河流域。通过模拟计算过程可以看出,煤矿开采导致的地裂缝的发育程度对煤矿开采条件下的地下水的模拟有着至关重要的影响。煤矿开采导致窟野河 2009 年地下水量的破坏量为 23.20 mm,其中破坏地下水静储量 15.97 mm、动储量 7.23 mm。同时煤矿开采也加剧了地下水的疏干,在各开采区的开采沉陷区(裂缝)周围,地下水流场发生明显的改变,地下水降落漏斗面积在逐渐扩大。煤矿开采破坏的地下水量是该时期人类生产、生活取用地下水量的 8 倍,加剧了区域性缺水的状况。

(4)采用 GRACE 重力卫星及 GLDAS 全球陆面数据同化系统反演了煤矿开采区陆地水储量及地下水变化。研究结果表明 GRACE 重力卫星联合 GLDAS 反演地下水储量的方法在该研究区域是适用的;土壤含水量是研究区域陆地水储量变化的一个因素,但并不是最主要的;煤矿开采造成的地下水变化量与 GRACE 重力卫星联合 GLDAS 反演的地下水储量的变化量相关性较高,说明煤矿开采是该区域地下水变化的一个重要影响因素。GRACE 联合 GLDAS 反演出2009 年研究区域的地下水储量变化值为 -29.40 mm,该结果与 SWAT - VISUAL MODFLOW 耦合模型计算出的该年煤矿开采对地下水的影响为 -23.20 mm 的结果差距不大,说明采用 GRACE 重力卫星可以监测煤矿开采区的地下水储量变化,同时证明了利用 SWAT - VISUAL MODFLOW 耦合模型是可以模拟流域尺度下多个煤矿开采情景下的地下水位和流场。

6.2 创新点

本书在系统分析和全面总结煤矿开采对流域水文循环影响机制的基础上,围绕在流域尺度下量化多个煤矿开采区的煤矿开采对地表水量和地下水量影响问题开展了一系列研究,建立了一个利用水文模型、数理统计方法、卫星遥感观测等多手段、全方位的系统工程,用于量化流域尺度下多个煤矿开采区煤矿开采对水资源的影响。取得的具体创新成果如下:

(1)建立了全方位系统的利用水文模型、数理统计、遥感数据研究流域尺度下煤矿开采对水资源变化影响的一套方法,并将该方法应用于探索研究煤矿开采影响下窟野河流域地表水和地下水资源的变化中,验证了该方法在流域尺度下多个煤矿开采区条件下应用的合理性。

(2)在黄河中游使用联合 Mann - Kendall 和 Pettitt 变异点检测方法检测了窟野河流域年径流突变点,并分析了该方法在黄河中游的适用性,提出了一种基于水文模型和数理统计工具定量计算流域尺度下多个煤矿开采区对径流影响的方法。

(3)在煤矿开采学科中的“三带”理论的指导下,提出了将“三带”经验公式作为煤矿开采情景下的边界条件,并引入到 SWAT - VISUAL MODFLOW 耦合水文模型中,进而提出量化流域尺度下多个煤矿开采区对地下水影响的方法。

(4)利用 GRACE 重力卫星数据和全球陆面数据同化系统 GLDAS 反演了煤矿开采区地下水储量的变化量,通过分析研究煤矿开采对地下水总储量变化的贡献量与反演出的地下水储量变化量之间的关系发现,煤矿开采是导致窟野河流域地下水储量变化的主要原因。提出今后在水文学中应用该卫星数据的思路,即如何从中分离出气候变化和人类活动对陆地水储量及地下水储量的贡献量。

6.3 展 望

受煤矿开采前后地质条件变化的复杂性、模型本身及卫星检测数据精度的限制,本书的研究仍然存在一些不足,今后可从以下几个方面做进一步的研究和探索:

(1)基于 SWAT 模型和数理统计方法量化煤矿开采对径流的影响。SWAT 模型无法模拟短历时、强降雨过程,并且在模拟干旱半干旱地区出现的超渗产流过程时效果并不理想,今后应该从产汇流的机制角度对模型加以改进,加入超渗产流模块和短历时、强降雨模块,使模型更适用于干旱半干旱地区;通过收集窟野河流域灌溉用水及水库蓄水数据进一步完善模型的数据库;在利用数理统计方法分离气候变化和人类活动及煤矿开采对径流影响时,本研究假设这三者是互相独立的,而实际上它们彼此之间是相互关联的,只是在中、大尺度流域下这种关联影响量较小,比如城市化带来的“绿岛效应”和“雨岛效应”只会影响局部气候,今后可以构建一种考虑这些因子相互影响的水文模型。

总体来说,利用水文模型分离气候变化和人类活动对径流影响是今后水文模型发展运用的一个重要的方向。本次研究也证明了通过与数理统计方法结合可以进一步分离出一些特定的人类活动对径流的影响。

(2)基于 SWAT - VISUAL MODFLOW 耦合模型量化煤矿开采对地下水影响。量化中、大尺度流域多个煤矿开采区对地下水的影响是一项很复杂的系统工程,而准确理解煤矿开采对流域水文循环影响机制则是利用水文模型模拟煤矿开采对地下水影响这一物理过程的基础。今后研究量化煤矿开采对地下水的影响方法上可以利用岩土专业的 UDEC

地表裂缝、塌陷模拟软件模拟地表的物理变化,同时研究水流在导水裂隙带中运移的机制,为更准确地刻画水流在采空区的运移现象提供理论支撑。另外,还需要国家大力支持建设煤矿开采区的地下水观测站点,为今后的研究提供更多翔实可靠的数据。

(3)基于GRACE重力卫星反演地下水储量的变化。本书将SWAT-VISUAL MODFLOW计算结果与GRACE与GLDAS联合反演地下水储量的变化结果做了比较分析,说明了GRACE重力卫星监测数据在煤矿开采区使用的合理性。GRACE重力卫星是研究流域陆地水储量的变化和地下水储量变化的一个补充工具,其在大尺度的区域可以很好地反映区域水资源的变化情况,但是,如何在利用平滑技术处理图像条带时保留高阶球谐系数,减少空间分辨率的牺牲,使之能运用于中、小流域是今后研究的重点。增加数据源,实现多种数据的同化,例如结合CPC水文模型等,能够与GRACE与GLDAS相互印证,证明GRACE重力卫星监测数据的准确性。GRACE反演出的等效水高中,存在气候变化和人类活动两类影响因素,如何分离这两类影响因素所占比重,将是未来GRACE重力卫星应用的新领域。

创新成果总结如下:

(1)建立了全方位系统的利用水文模型、数理统计、遥感数据研究流域尺度下煤矿开采对水资源变化的一套方法,并将该方法应用于探索研究煤矿开采影响下窟野河流域地表水和地下水资源的变化中,验证了该方法在流域尺度下多个煤矿开采区条件下应用的合理性。

(2)建立了基于SWAT模型量化流域气候变化及人类活动(煤矿开采)对径流影响的方法。在利用水文模型分离气候变化和人类活动这两个因素对径流影响方法思路的指导下,根据人类活动对径流影响机制的不同将人类活动划分为直接人类活动与间接人类活动两类,进而推导出了从诸多人类活动中分离出煤矿开采对径流影响的计算公式。将该方法应用于窟野河流域,其计算出的煤矿开采对径流的影响量与现有研究成果是一致的,验证了该方法的合理性。

(3)基于模型结构的一致性建立了流域尺度下多个煤矿开采区的SWAT-VISUAL MODFLOW耦合模型。提出根据煤矿开采的“三带”理论,设置有、无煤矿开采两种情景量化煤矿开采对地下水影响的方法。并将该方法应用于窟野河流域,对流域地下水位和流场进行了模拟计算,量化了煤矿开采对流域地下水的影响量。

(4)提出了利用GRACE重力卫星及GLDAS全球陆面数据同化系统反演煤矿开采区陆地水储量变化及地下水储量变化的应用方向。并将该计算结果与SWAT-VISUAL MODFLOW耦合模型计算出的煤矿开采破坏的地下水储量的结果进行了比较分析。

参 考 文 献

[1] 钱正英,张光斗.中国可持续发展水资源的战略研究综合报告及各专题报告[M].北京:中国水利水电出版社,2001.

[2] 芮孝芳.水文学的机遇及应着重研究的若干领域[J].中国水利,2004(7):22-24.

[3] 仇亚琴.水资源综合评价及水资源演变规律研究[D].北京:中国水利水电科学研究院,2006.

[4] 刘昌明.21世纪水文学研究展望[C]//第六次全国水文学术会议论文集.北京:科学出版社,1997:1-7.

[5] Milliman J D,Farnsworth K L,Jones P D,et al. Climatic and anthropogenic factors affecting river discharge to the global ocean,1951-2000[J]. Global and Planetary Change,2008,62:187-194.

[6] Wang S J,Yan M,Yan Y X,et al. Contributions of climate change and human activities to the changes in runoff increment in different sections of the Yellow River[J]. Quaternary International,2012,282(60):66-77.

[7] Wang S J,Yan Y X,Yan M,et al. Quantitative estimation of the impact of precipitation and human activities on runoff change of the Huangfuchuan River basin[J]. Journal of Geographical Sciences,2012,22(5):906-918.

[8] Wu C S,Yang S L,Lei Y P. Quantifying the anthropogenic and climatic impacts on water discharge and sediment load in the Pearl River (Zhujiang),China (1954-2009)[J]. Journal of Hydrology,2012,452-453 (25):190-204.

[9] 吴喜军.煤炭开采地区河道径流变化与生态基流研究——以陕北窟野河流域为例[D].陕西:西安理工大学,2013.

[10] 吕新,王双明,杨泽元,等.神府东胜矿区煤炭开采对水资源的影响机制——以窟野河流域为例[J].煤田地质与勘探,2014,42(2):54-57.

[11] Garrote L,Iglesias A,Granados A,et al. Quantitative assessment of climate change vulnerability of irrigation demands in Mediterranean Europe[J]. Water Resources Management,2015,29(2):325-338.

[12] Wang D B,Cai X M. Comparative study of climate and human impacts on seasonal baseflow in urban and agricultural watersheds[J]. Geophysical Research Letters,2010,37(6):L06406.

[13] Ghaleni M M,Ebrahimi K. Effects of human activities and climate variability on water resources in the Saveh plain,Iran[J]. Environmental Monitoring and Assessment,2015,187(2):35.

[14] Keken Z,Panagiotidis D,Skalos J. The influence of damming on landscape structure change in the vicinity of flooded areas: case studies in Greece and the Czech Republic[J]. Ecological Engineering,2015,74:448-457.

[15] Arrigoni A S,Greenwood M C,Moore J N. Relative impact of anthropogenic modifications versus climate change on the natural flow regimes of rivers in the northern Rocky Mountains,United States[J]. Water Resources Research,2010,46(12):W12542.

[16] Wang D B,Hejazi M. Quantifying the relative contribution of the climate and direct human impacts on mean annual streamflow in the contiguous United States[J]. Water Resources Research,2011,47(10):W00J12.

[17] Liu X M,Liu C M,Luo Y Z,et al. Dramatic decrease in streamflow from the headwater source in the cen-

tral route of China's water diversion project: Climatic variation or human influence? [J]. Journal of Geophysical Research: Atmospheres (1984-2012),2012,117(D6): D06113.

[18] Hamdi R, Termonia P, Baguis P. Effects of urbanization and climate change on surface runoff of the Brussels Capital region: a case study using an urban soil-vegetation-atmosphere-transfer model[J]. International Journal of Climatology,2011,31(13): 1959- 1974.

[19] Qiu G Y, Yin J, Shu G. Impact of climate and land-use changes on water security for agriculture in Northern China[J]. Journal of Integrative Agriculture,2012,11(1): 144-150.

[20] Zhan C S, Niu C W, Song X M, et al. The impacts of climate variability and human activities on streamflow in Bai River basin, Northern China[J]. Hydrology Research,2013,44(5): 875-885.

[21] 程国栋,肖洪浪,傅伯杰,等. 黑河流域生态—水文过程集成研究进展[J]. 地球科学进展,2014,29(4): 431-437.

[22] Leng G, Tang Q, Huang M, et al. A comparative analysis of the impacts of climate change and irrigation on land surface and sub-surface hydrology in the North China Plain[J]. Regional Environmental Change, 2015,15(2): 251-263.

[23] Lu Z, Wei Y, Xiao H, et al. Evolution of the human-water relationships in Heihe River Basin in the past 2000 years[J]. Hydrology and Earth System Sciences,2015,19: 2261-2273.

[24] Siriwardena L, Finlayson B L, Mcmahon T A. The impact of land use change on catchment hydrology in large catchments: The Comet River, Central Queensland, Australia[J]. Journal of Hydrology,2006,326(1-4): 199-214.

[25] Storek P, Bowling L, Wetherbee P, et al. Application of a GIS-based distributed hydrology model for Prediction of forest harvest effects on peak stream flow in the Pacific Northwest[J]. Hydrological Processes, 1998,12(6): 889-904.

[26] Weeks J L. "Health hazards of mining and quarrying." In: Armstrong, J. R., Menon, R. (eds) Mining and quarrying[M]. International Labor Organization, Geneva,2011.

[27] Charles A C, Daniel J G, Michael D B, et al. Surface water and groundwater interactions in an extensively mined watershed, upper Schuylkill River, Pennsylvania, USA[J]. Hydrological Processes,2014,28(10): 3574-3601.

[28] Sena K, Barton C, Angel P, et al. Influence of spoil type on chemistry and hydrology of interflow on a surface coal mine in the eastern US coal field[J]. Water, Air and Soil Pollution,2014,225(11): 2171.

[29] Hendrychova M, Kabrna M. An analysis of 200-year-long changes in a landscape affected by large-scale surface coal mining: History, present and future[J]. Applied Geography,2016,74: 151-159.

[30] Wang Q, Wang X Y, Hou Q L. Geothermal Water at a Coal Mine: From Risk to Resource[J]. Mine Water and the Environment,2016,35(3): 294-301.

[31] Yucel D S, Baba A. Prediction of acid mine drainage generation potential of various lithologies using static tests: Etilicoal mine (NW Turkey) as a case study[J]. Environmental Monitoring and Assessment, 2016,188(8): W473.

[32] Zhao K Y, Xu N X, Mei G, et al. Predicting the distribution of ground fissures and water-conducted fissures induced by coalmining: a case study[J]. Springerplus,2016,5: W977.

[33] Mcintyre N, Bulovic N, Cane I, et al. A multi-disciplinary approach to understanding the impacts of mines on traditional uses of water in Northern Mongolia[J]. Science of the Total Environment,2016,557: 404-414.

[34] 王波雷,马孝义,范严伟. 基于洛伦兹曲线的乌兰木伦河径流变化分析[J]. 水文,2008,28(5): 40-42.

[35] 武雄,于青春,汪小刚,等.地表水体下煤炭资源开采研究[J].岩石力学与工程学报,2006,25(5):1029-1036.

[36] Howladar M F. Coal mining impacts on water environs around the Barapukuria coal mining area, Dinajpur, Bangladesh[J]. Environmental Earth Sciences, 2013, 70(1): 215-226.

[37] 武强,董东林,傅耀军.煤矿开采诱发的水环境问题研究[J].中国矿业大学学报,2002,31(1):19-22.

[38] 杨策,钟宁宁,陈党义,等.煤炭开发影响地下水资源环境研究一例——平顶山市石龙区贫水化的原因分析[J].能源环境保护,2006,20(1):50-52.

[39] 杨策,钟宁宁,陈党义.煤矿开采过程中地下水地球化学环境变迁机制探讨[J].矿业安全与环保,2006,33(2):30-35.

[40] 王洪亮,李维钧,陈永杰.神木大柳塔地区煤矿对地下水的影响[J].陕西地质,2002,20(2):89-96.

[41] 冯秀军.淄博市淄川区矿坑水对水资源的影响与应用研究[J].地下水,2006,28(2):14-15.

[42] Wood S C, Younger P L, Robins N S. Long-term changes in the quality of polluted mine water discharges from abandoned underground coal workings in Scotland[J]. Quarterly Journal of Engineering Geology and Hydrogeology, 1999(32): 69-79.

[43] 岳梅,赵峰华,任德贻.煤矿酸性水水化学特征及其环境地球化学信息研究[J].煤田地质与勘探,2004,32(3):46-48.

[44] 党志.煤矸石-水相互作用的溶解动力学及其环境地球化学效应研究[J].矿物岩石地球化学通报,1997,16(4):259-261.

[45] 郑西来,邱汉学,陈友媛.地下水系统环境地球化学反应模型研究[J].地学前缘,2001,8(3):192.

[46] 许炯心.人类活动对黄河河川径流的影响[J].水科学进展,2007,18(5):648-655.

[47] 穆兴民,徐学选,陈霁巍.黄土高原生态水文研究[M].北京:中国林业出版社,2001.

[48] 冉大川,张志萍,罗全华,等.大理河流域1970—2002年水保措施减洪减沙效益深化分析[J].水土保持研究,2011,18(1):17-23.

[49] 孙宁,李秀彬,冉圣洪,等.潮河上游降水—径流关系演变及人类活动的影响分析[J].地理科学进展,2007,26(5):42-47.

[50] 孙天青,张鑫,梁学玉,等.秃尾河径流特性及人类活动对径流的影响分析[J].人民长江,2010,41(8):48-50.

[51] Bao Z X, Zhang J Y, Wang G Q, et al. Attribution for decreasing streamflow of the Haihe River basin, northern China: climate variability or human activities? [J]. Journal of Hydrology, 2012, 460-461: 117-129.

[52] Zhang A J, Zhang C, Fu G B, et al. Assesments of impacts of climate change and human activities on runoff with SWAT for the Huifa River basin, Northeast China[J]. Water Resources Management, 2012, 26(8): 2199-2217.

[53] Wang L, Wang Z J, Koike T, et al. The assessment of surface water resources for the semi-arid Yongding River basin from 1956 to 2000 and the impact of land use change[J]. Hydrological Processes, 2010, 24(9): 1123-1132.

[54] 王浩,贾仰文,王建华,等.人类活动影响下的黄河流域水资源演化规律初探[J].自然资源学报,2005,20(2):158-162.

[55] 仇亚琴,周祖昊,贾仰文,等.三川河流域水资源演变个例研究[J].水科学进展,2006,17(6):866-872.

[56] 周祖昊,仇亚琴,贾仰文,等.变化环境下渭河流域水资源演变规律分析[J].水文,2009,29(1):22-25.

[57] 马欢.人类活动影响下海河流域典型区水文循环变化分析[D].北京:清华大学,2011.

[58] 姚文艺,徐建华,冉大川,等.黄河流域水沙变化情势分析与评价[M].郑州:黄河水利出版社,2011.

[59] Arnold J G, Srinivasan R, Muttiah R S, et al. Large area hydrologic modeling and assessment part I: Model development [J]. Journal of the American Water Resources Association, 1998, 34(1): 73-89.

[60] Ghaffari G, Keesstra S, Ghodousi J, et al. SWAT-simulated hydrological impact of land-use change in the Zanjanrood basin, Northwest Iran[J]. Hydrological Processes, 2010, 24: 892-903.

[61] Ficklin D L, Luo Y Z, Luedeling E, et al. Climate change sensitivity assessment of a highly agricultural watershed using SWAT[J]. Journal of Hydrology, 2009, 374: 16-29.

[62] Franczyk J, Chamg H J. The effects of climate change and urbanization on the runoff of the Rock Creek basin in the Portland metropolitan area, Oregon, USA[J]. Hydrological Processes, 2009, 23(6): 805-815.

[63] Li Q Y, Yu X X, Xin Z B, et al. Modeling the effects of climate change and human activities on the hydrological processes in a semiarid watershed of Loess Plateau[J]. Journal of Hydrologic Engineering, 2013, 18(4): 401-412.

[64] Dong W, Cui B S, Liu Z H, et al. Relative effects of human activities and climate change on the river runoff in an arid basin in northwest China[J]. Hydrological Processes, 2014, 28(18): 4854-4864.

[65] He H M, Zhou J, Zhang W C. Modelling the impacts of environmental changes on hydrological regimes in the Hei River watershed, China[J]. Global and Planetary Change, 2008, 61(3-4): 175-193.

[66] Kendall M G. A new measure of rank correlation[M]. Biometrika, 1938.

[67] Kendall M G. Rank Correlation Methods[M]. Charles Griffin, London, 1975.

[68] Lee A F S, Heghinian S M. A Shift of the MeanLevel in a Sequence of Independent Normal Random Variable: A Bayesian Approach[J]. Techno-metrics, 1977, 19(4): 503-506.

[69] Pettitt A N. A non-parametric approach to the change-point problem[J]. Applied Statistics, 1979, 28(2): 126-135.

[70] Sara R, Júlio C, Ana C C, et al. Detection of inhomogeneities in precipitation time series in Portugal using direct sequential simulation[J]. Atmospheric Research, 2016, 171: 147-158.

[71] Zuo D P, Xu Z X, Yao W Y, et al. Assessing the effects of changes in land use and climate on runoff and sediment yields from a watershed in the Loess Plateau of China[J]. Science of the Total Environment, 2016, 544: 238-250.

[72] Ozgur K. An innovative method for trend analysis of monthly pan evaporations[J]. Journal of Hydrology, 2015, 527: 1123-1129.

[73] Zhao J, Huang Q, Chang J X, et al. Analysis of temporal and spatial trends of hydro-climatic variables in the Wei River Basin[J]. Environmental Research, 2015, 139: 55-64.

[74] Soumys S, AJAY K, Sajjad A. Evaluating the effect of persistence on long-term trends and analyzing step changes in streamflows of the continental United States[J]. Journal of Hydrology, 2014, 517: 36-53.

[75] Wang R H, Li C. Spatiotemporal analysis of precipitation trends during 1961-2010 in Hubei province, central China[J]. Theoretical and Applied Climatology, 2016, 124: 385-399.

[76] Zhang Q, Gu X H, Vijay P S, et al. Stationarity of annual flood peaks during 1951-2010 in the Pearl River

basin,China[J]. Journal of Hydrology,2014,519: 3263-3274.

[77] Dariusz G,Iwona P,Zbigniew W K,et al. The heat goes on changes in indices of hot extremes in Poland [J]. Theoretical and Applied Climatology,2016:1-13.

[78] He T,Lu Y,Cui Y P,et al. Detecting gradual and abrupt changes in water quality time series in response to regional payment programs for watershed services in an agricultural area[J]. Journal of Hydrology, 2015,525: 457-471.

[79] Zhao G J,Tian P,Mu X M,et al. Quantifying the impact of climate variability and human activities on streamflow in the middle reaches of the Yellow River basin,China[J]. Journal of Hydrology,2014,519: 387-398.

[80] Zhou Y Y,Shi C X,Du J,et al. Characteristics and causes of changes in annual runoff of the Wuding River in 1956-2009[J]. Environmental Earth Sciences,2013,69(1): 225-234.

[81] Zhou Y Y,Shi C X,Fan X L,et al. The influence of climate change and anthropogenic activities on annual runoff of Huangfuchuan basin in northwest China[J]. Theoretical and Applied Climatology,2015,120 (1): 137-146.

[82] Liang W,Bai D,Jin Z,et al. A Study on the Streamflow Change and its Relationship with Climate Change and Ecological Restoration Measures in a Sediment Concentrated Region in the Loess Plateau,China[J]. Water Resources Management,2015,29(11): 4045-4060.

[83] Charles R,Ge Y,Cai X M. Detecting gradual and abrupt changes in hydrological records[J]. Advances in Water Resources,2013,53: 33-44.

[84] 李云峰,胥国富,左传明. 梁花园矿井涌水量估算[J]. 中国煤田地质,2007(5): 38-40.

[85] 中国地质学会岩溶地质专业委员会. 应用有限元法预测大水岩溶矿床矿坑涌水量——王凤矿矿坑涌水量的研究[M]. 中国北方岩溶和岩溶水,1982.

[86] 钱家忠,汪家权. 中国北方裂隙岩溶水模拟及水环境质量评价[M]. 合肥: 合肥工业大学出版社, 2003.

[87] Surinaidu L,Gurunadha Rao VV S,Srinivasa Rao N,et al. Hydrogeological and groundwater modeling studies to estimate the groundwater inflows into the coal Mines at different mine development stages using MODFLOW,Andhra Pradesh,India[J]. Water Resources and Industry,2014,7-8: 49-65.

[88] Sun W J,Wu Q,Liu H L,et al. Prediction and assessment of the disturbances of the coal mining in Kailuan to karst groundwater system[J]. Physics and Chemistry of the Earth,2015,89-90: 136-144.

[89] Izady A, Davary K, Alizadeh A, et al. Groundwater conceptualization and modeling using distributed SWAT-based recharge for the semi-arid agricultural Neishaboor plain, Iran[J]. Hydrogeology Journal, 2015,23(1): 47-68.

[90] Luo Y, Sophocleous M. Two-way coupling of unsaturated-saturated flow by integrating the SWAT and MODFLOW models with application in an irrigation district in arid region of west China[J]. Journal of Arid Land,2011,3(3): 164-173.

[91] Tapley B D,Bettadpur S,RIES J C,et al. GRACE measurements of mass variability in the Earth system [J]. Science,2004,305(5683): 503-505.

[92] Wahr J,Swenson S,Victor Z,et al. Time-variable gravity from GRACE: First results[J]. Geophysical research letters,2004,31(L11501): 1-4.

[93] 曹艳萍,南卓铜. GRACE 重力卫星数据的水文应用综述[J]. 遥感技术与应用,2011,26(5):543-553.

[94] Cheng M K,Tapley B D. Variations in the Earth's Oblateness During the Past 28 Years[J]. Journal of

Geophysical Research-Solid Earth,2004,109：B09402.

[95] Swenson S,Wahr J. Methods for Inferring Regional Surface-mass Anomalies From Gravity Recovery and Climate Experiment (GRACE) Measurements of Time-variable Gravity[J]. Journal of Geophysical Research-Solid Earth,2002,107(B9)：ETG 3-1-ETG 3-13.

[96] Jin S G,Hassan A A,Feng G P. Assessment of terrestrial water contributions to polar motion from GRACE and hydrological models[J]. Journal of Geodynamics,2012,62：40-48.

[97] Jin S G,Feng G P. Large-scale variations of global groundwater from satellite gravimetry and hydrological models,2002-2012[J]. Global and Planetary Change,2013,106：20-30.

[98] Scott M,Joshua B F. Challenges and Opportunities in GRACE-Based Groundwater Storage Assessment and Management：An Example from Yemen[J]. Water Resources Management. 2012,26(6)：1425-1453.

[99] Wang Q G,Chen C,Chen B,et al. Feasibility of estimating groundwater storage changes in western Kansas using Gravity Recovery and Climate Experiment (GRACE) data[J]. The Leading Edge,2013,32(7)：806-813.

[100] Huang J,Halpenny J,Vanderwal W,et al. Detectability of groundwater storage change within the Great Lakes Water Basin using GRACE[J]. Journal of Geophysical Research-Solid Earth,2012,117(B8)：B08401.

[101] Alexander Y S,Ronald G,Sean S,et al. Toward calibration of regional groundwater models using GRACE data[J]. Journal of Hydrology,2012,422-423：1-9.

[102] Alexander Y S. Predicting groundwater level changes using GRACE data[J]. Water Resources Research,2013,49(9)：5900-5912.

[103] 周旭华,吴斌,彭碧波,等. 全球水储量变化的 GRACE 卫星检测[J]. 地球物理学报,2006,49(6)：1644-1650.

[104] 苏晓莉,平劲松,叶其欣. GRACE 卫星重力观测揭示华北地区陆地水量变化[J]. 中国科学(地球科学),2012,42(6)：917-922.

[105] 刘任莉,李建成,褚永海. 利用 GRACE 地球重力场模型研究中国西南区域水储量变化[J]. 大地测量与地球动力学,2012,32(2)：39-43.

[106] 刘卫,缪元兴. 基于 GRACE 数据的西南陆地水储量分析[J]. 天文学报,2011,52(2)：145-151.

[107] 王杰,黄英,曹艳萍,等. 利用 GRACE 重力卫星观测研究近 7 年云南省水储量变化[J]. 节水灌溉,2012(5)：1-5.

[108] 罗志才,李琼,钟波. 利用 GRACE 时变重力场反演黑河流域水储量变化[J]. 测绘学报,2012,41(5)：676-681.

[109] 曹艳萍,南卓铜. 利用 GRACE 重力卫星监测黑河流域水储量变化[J]. 遥感技术与应用,2011,26(6)：719-727.

[110] 任永强,潘云,宫辉力. 海河流域地下水储量时变趋势分析[J]. 首都师范大学学报(自然科学版),2013,34(4)：88-94.

[111] 冉全,潘云,王一如,等. GRACE 卫星数据在海河流域地下水年开采量估算中的应用[J]. 水利水电科技进展,2013,33(2)：42-46.

[112] 王超,杨涛. 重力卫星监测的中国陆地水资源储量时空变化特征[J]. 水电能源科学,2013,31(7)：20-23.

[113] 马文进,慕明清,陈鸿,等. 窟野河产沙特性分析[J]. 人民黄河,2008,30(1)：50-53.

[114] 汪岗,范昭. 黄河水沙变化研究[M]. 郑州：黄河水利出版社,2002.

[115] 杨铁文,杨青惠.窟野河流域水文特性分析[J].水资源与水工程学报,2006,17(1):56-60.

[116] Liang K,Liu C M,Liu X M,et al. Impacts of climate variability and human activity on streamflow decrease in a sediment concentrated region in the Middle Yellow River[J]. Stochastic Environmental Research and Risk Assessment,2013,27(7):1741-1749.

[117] 黄河中游水文水资源局.黄河中游水文[M].郑州:黄河水利出版社,2005.

[118] 张胜利,李倬,赵文林.黄河中游多沙粗沙区水沙变化原因及发展趋势[M].郑州:黄河水利出版社,1998.

[119] 王双明,王文科,范立民,等.陕北保水采煤研究——煤炭开发引起的水文生态效应及覆岩破坏过程仿真模拟[R].西安:陕西省煤田地质局,长安大学,2006.

[120] 苗霖田.榆神府矿区主采煤层赋存规律及煤炭开采对水资源影响分析[D].西安:西安科技大学,2008.

[121] Yu P S,Yang T C,Wu C K. Impact of climate change on water resources in southern Taiwan[J]. Journal of Hydrology,2002,260(1-4):161-175.

[122] Xu Z X,Takeuchi K,Ishidaira H. Long-term trends of annual temperature and precipitation time series in Japan[J]. Journal of Hydroscience and Hydraulic Engineering,2002,20(2):11-26.

[123] Xu Z X,Takeuchi K,Ishidaira H. Monotonic trend and step changes in Japanese precipitation[J]. Journal of Hydrology,2003,279(1-4):144-150.

[124] 张发旺,赵红梅,宋亚新,等.神府东胜矿区采煤塌陷对水环境影响效应研究[J].地球学报,2007,28 (6):521-527.

[125] 白喜庆,孙立新.榆神府矿区煤炭开发对地下水的影响及生态环境负效应[J].地球学报,2002,23(S0):54-58.

[126] 神木北部矿区环境地质研究报告[R].西安:陕西省185勘探队,1997.

[127] Yactayo G A. Modification of the SWAT model to simulate hydrologic processes in a karst influenced watershed[D]. Blacksburg,VA:Virginia Polytechnic Institute and State University,2009.

[128] Burbey T J,Younos T,Anderson E T. Hydrologic analysis of discharge sustainability from an abandoned underground coal mine[J]. Journal of the American Water Resources Association,2000,36:1161-1172.

[129] Liu,J Y,Liu M L,Zhuang D F,et al. Study on spatial pattern of land-use change in China during 1995-2000[J]. Science in China,2003,46(4):373-384.

[130] 郝芳华.非点源污染模型:理论方法与应用[M].北京:中国环境科学出版社,2006.

[131] Williams J R,Renard K G,Dyke P T. EPIC:A new method for assessing erosion's effect on soil productivity [J]. Journal of Soil and Water Conservation,1983,38(5):381-383.

[132] Neitsch S L,Aronld J G,Williams J R. Soil and water assessment tool user's manual,version 2005 [R]. Texas:Texas Water Resources Institute,2005.

[133] Gupta H V,Sorooshian S,Yapo P O. Toward improved calibration of hydrologic models:multiple and noncommensurable measures of information[J]. Water Resources Research,1998,34:751-763.

[134] Abbaspour K C,Johnson A C,Van Genuchten M TH. Estimating uncertain flow and transport parameters using a sequential uncertainty fitting procedure[J]. Vadose Zone Journal,2004,3:1340-1352.

[135] Abbaspour K C,Yang J,Maximov I,et al. Modelling hydrology and water quality in the pre-alpine/alpine Thur watershed using SWAT[J]. Journal of Hydrology,2007,333:413-430.

[136] Abbaspour K C. SWAT-CUP4:Swat Calibration and uncertainty programs-a user manual[Z]. Eawag Swiss Federal Institute of Aquatic Science and Technology,2011.

[137] Nash J E, Sutcliffe J V. River flow forecasting through conceptual models: Part I-A discussion of principles[J]. Journal of Hydrology, 1970, 10: 282-290.

[138] Moriasi D N, Arnold J G, Van Liew M W, et al. Model evaluation guidelines for systematic quantification of accuracy in watershed simulations[J]. Transactions of the Asae, 2006, 50: 885-900.

[139] SL278-2002，水利水电工程水文计算规范[S]. 北京：中国水利水电出版社，2002.

[140] 王国庆，张建云，贺瑞敏. 环境变化对黄河中游汾河径流情势的影响研究[J]. 2006, 17(6): 853-858.

[141] Hao X M, Chen Y N, Xu C C, et al. Impacts of Climate Change and Human Activities on the Surface Runoff in the Tarim River Basin over the Last Fifty Years[J]. Water Resource Manage, 2008, 22: 1159-1171.

[142] 李艳，陈晓宏，王兆礼. 人类活动对北江流域径流系列变化的影响初探[J]. 自然资源学报，2006, 21(6): 910-914.

[143] 煤炭科学研究院北京开采研究所. 煤矿地表移动与覆岩破坏规律及其应用[M]. 北京：煤炭工业出版社，1981.

[144] 王文龙，李占斌，李鹏，等. 神府东胜煤田原生地面放水冲刷试验研究[J]. 农业工程学报，2005, 21: 59-62.

[145] 侯新伟，张发旺，李向全，等. 神府东胜矿区主要地质生态环境问题及效应[J]. 地球与环境，2005, 33(4): 43-46.

[146] 李锐，唐克丽. 神府-东胜矿区一、二期工程环境效应考察[J]. 水土保持研究，1994, 1(4): 5-17, 53.

[147] Qadir A, Ahmad Z, Khan T, et al. A spatio-temporal three-dimensional conceptualization and simulation of Dera Ismail Khan alluvial aquifer in visual MODFLOW: a case study from Pakistan[J]. Arabian Journal of Geosciences, 2016, 9(7): 1-9.

[148] Chen S L, Yang W, Huo Z L, et al. Groundwater simulation for efficient water resources management in Zhangye Oasis, Northwest China[J]. Environmental Earth Sciences, 2016, 75(8): 647.

[149] Vallner L, Porman A. Groundwater flow and transport model of the Estonian Artesian Basin and its hydrological developments[J]. Hydrology Research, 2014, 47(4): 814-834.

[150] Wu Q, Liu Y, Zhou W, et al. Assessment of water inrush vulnerability from overlying aquifer using GIS-AHP-based 'three maps-two predictions' method: a case study in Hulusu coal mine, China[J]. 2015, 48(3-4): 234-243.

[151] Llolios K A, Moutsopoulos K N, Tsihrintzis V A. Numerical simulation of phosphorus removal in horizontal subsurface flow constructed wetlands[J]. Desalination and Water Treatment, 2015, 56(5): 1282-1290.

[152] Wu Q, Liu Y Z, Zhou W F, et al. Evaluation of Water Inrush Vulnerability from Aquifers Overlying Coal Seams in the Menkeqing Coal Mine, China[J]. Mine Water and the Environment, 2015, 34(3): 258-269.

[153] Yang J S, Son M W, Chung E S, et al. Prioritizing Feasible Locations for Permeable Pavement Using MODFLOW and Multi-criteria Decision Making Methods[J]. Water Resources Management, 2015, 29(12): 4539-4555.

[154] Humberto O G, Gil C F, Cerca M, et al. Assessment of groundwater flow in volcanic faulted areas. A study case in Queretaro, Mexico[J]. Geofisica Internacional, 2015, 54(3): 199-220.

[155] Varouchakis E A, Karatzas G P, Giannopoulos G P. Impact of irrigation scenarios and precipitation pro-

jections on the groundwater resources of Viannos Basin at the island of Crete, Greece [J]. Environmental Earth Sciences, 2015, 73(11): 7359-7374.

[156] Varalakshmi V, Rao B V, Suri N L, et al. Groundwater Flow Modeling of a Hard Rock Aquifer: Case Study [J]. Journal of Hydrologic Engineering, 2014, 19(5): 877-886.

[157] Boyraz U, Kazezyilmaz A, Cevza M. An investigation on the effect of geometric shape of streams on stream/ground water interactions and ground water flow [J]. Hydrology Research, 2014, 45(4-5): 575-588.

[158] Kacimov A R, Kayumov I R, Al-maktoumi A. Rainfall induced groundwater mound in wedge-shaped promontories: The Strack-Chernyshov model revisited [J]. Advances in Water Resources, 2016, 97: 110-119.

[159] Farhadi S, Nikoo M R, Rakhshandehroo G, et al. An agent-based-nash modeling framework for sustainable groundwater management: A case study [J]. Agricultural Water Management, 2016, 177: 348-358.

[160] Surinaidu L, Muthuwatta L, Amarasinghe U A. Reviving the Ganges Water Machine: Accelerating surface water and groundwater interactions in the Ramganga sub-basin [J]. Journal of Hydrology, 2016, 540: 207-219.

[161] Bouaamlat L, Larabi A, Faouzi M. Hydrogeological investigation of an oasis-system aquifer in arid southeastern Morocco by development of a groundwater flow model [J]. Hydrogeology Journal, 2016, 24(6): 1479-1496.

[162] Surinaidu L, Muthuwatta L, Amarasinghe U A, et al. Reviving the Ganges Water Machine: Accelerating surface water and groundwater interactions in the Ramganga sub-basin [J]. Journal of Hydrology, 2016, 540: 207-219.

[163] Llopis A C, Merigo J M, Xu Y J. A coupled stochastic inverse/sharp interface seawater intrusion approach for coastal aquifers under groundwater parameter uncertainty [J]. Journal of Hydrology, 2016, 540: 774-783.

[164] Vandenberg J A, Herrell M, Faithful J W. Multiple Modeling Approach for the Aquatic Effects Assessment of a Proposed Northern Diamond Mine Development [J]. Mine Water and the Environment, 2016, 35(3): 350-368.

[165] Polsinelli J, Kavvas M L. Scaling procedures for heterogeneous unconfined aquifers [J]. Hydrological Processes, 2016, 30(16): 2880-2890.

[166] Snowdon A P, Craig J R. Effective groundwater-surface water exchange at watershed scales [J]. Hydrological Processes, 2016, 30(12): 1849-1861.

[167] Paulino F J, Alvarez-Alvarez L, Diaz-Noriega R. Groundwater Numerical Simulation in an Open Pit Mine in a Limestone Formation Using MODFLOW [J]. Mine Water and the Environment, 2016, 35(2): 145-155.

[168] Ebrahimi H, Ghazavi R, Karimi H. Estimation of Groundwater Recharge from the Rainfall and Irrigation in an Arid Environment Using Inverse Modeling Approach and RS [J]. Water Resources Management, 2016, 30(6): 1939-1951.

[169] 张雪刚，毛媛媛，董家瑞，等. SWAT 模型与 MODFLOW 模型的耦合计算及应用[J]. 水资源保护，2010, 26(3): 49-52.

[170] Doherty J. Pest, Model-independent parameter estimation, userb's manual [R]. Australia: Watermark Numerical Computing, 2004.

[171] Michele R, Nicola L, Znia F. Evaluation and application of the OILCROP-SUN model for sunflower in

southern Italy[J]. Agricultural Systems, 2003, 78(1): 17-30.

[172] Wahr J, Swenson S, Zlotnicki V, et al. Time-variable gravity from GRACE: first results[J]. Geophysical Research Letters, 2004, 31(11): L11501.

[173] Chen J L, Rodell M, Wilson C R, et al. Low degree spherical harmonic influences on Gravity Recovery and Climate Experiment (GRACE) water storage estimates[J]. Geophysical Research Letters, 2005, 32 (14): L14405.

[174] 王婉昭,高艳红,许建伟. 青藏高原及其周边干旱区气候变化特征与 GLDAS 适用性分析[J]. 高原气象, 2013, 32(3): 635-645.

[175] 侯玉婷,南卓铜,潘小多. WRF 和 GLDAS 降水数据在黑河流域上游山区的比较与分析[J]. 兰州大学学报: 自然科学版, 2013, 49(4): 437-447.

[176] Swenson S, Wahr J. Method for in ferring regional surface-mass anomalies from Gravity Recovery and Climate Experiment (GRACE) measurements of time-variable gravity[J]. Journal of Geophysical Research-Atmospheres, 2002, 107(B9): 2193.

[177] Jekeli C. Alternative Methods to Smooth the Earth's Gravity[R]. Columbus: Ohio University, 1981.

[178] Wahr J, Molenaar M, Bryan F. Time Variability of the Earth's Gravity Field: Hydrological and ceanic Effects and Their Possible Detection Using Grace[J]. Journal of Geophysical Research, 1998, 103 (B12): 30205-30229.

[179] 罗志才,李琼,钟波. 利用 GRACE 时变重力场反演黑河流域水储量变化[J]. 测绘学报, 2012, 41 (5): 676-681.

[180] Swenson S, Wahr J. Post-Processing removal of correlated errors in GRACE data[J]. Geophysical Research Letters, 2006, 33: L08402.

[181] Chen J L, Wilson C R, Tapley BD, et al. Seasonal global mean sea level change from satellite altimeter, GRACE, and geophysical models[J]. Journal of Geodesy, 2005, 79(9): 532-539.

[182] Rodell M, Chen J L, Hiroko K, et al. Estimating groundwater storage changes in the Mississippi River basin (USA) using GRACE[J]. Hydrogeology Journal, 2007, 15: 159-166.